跟着 小虎 玩着去软考

全国计算机技术与软件专业技术资格（水平）考试用书

信息系统项目管理师考试
历年试题讲解
——小虎新视角讲解

小虎　编著

北京航空航天大学出版社
BEIHANG UNIVERSITY PRESS

内 容 简 介

信息系统项目管理师考试是全国计算机技术与软件专业技术资格(水平)考试(简称软考)的高级职称考试项目之一,也是企业评定系统集成资质所必需的证书,是历年软考报名的热点。本书按照考试时间由近及远的顺序,对2014—2017年的考试试题进行了详细讲解,覆盖考试涉及的所有知识点。考生可以通过对本书的学习,透彻地掌握考试的难点、重点,可以清晰理解考试的命题规律、命题思路,可以大幅提高考试的通过率。

图书在版编目(CIP)数据

信息系统项目管理师考试历年试题讲解 : 小虎新视角讲解 / 小虎编著. -- 北京 : 北京航空航天大学出版社, 2018.2

ISBN 978-7-5124-2625-2

Ⅰ. ①信… Ⅱ. ①小… Ⅲ. ①信息系统-项目管理-资格考试-题解 Ⅳ. ①G202

中国版本图书馆 CIP 数据核字(2018)第 012047 号

信息系统项目管理师考试历年试题讲解
——小虎新视角讲解
小 虎 编著
责任编辑 周华玲 江小珍
*
北京航空航天大学出版社出版发行
北京市海淀区学院路37号(邮编100191) http://www.buaapress.com.cn
发行部电话:(010)82317024 传真:(010)82328026
读者信箱:emsbook@buaacm.com.cn 邮购电话:(010)82316936
北京时代华都印刷有限公司印装 各地书店经销
*
开本:787×1 092 1/16 印张:16 字数:369千字
2018年3月第1版 2018年3月第1次印刷
ISBN 978-7-5124-2625-2 定价:49.00元

若本书有倒页、脱页、缺页等印装质量问题,请与本社发行部联系调换。联系电话:(010)82317024

前　言

话说2009年时，小虎我在备考信息系统项目管理师考试——专业内最高级别的国家考试期间，在公司软件研发部门工作，做研发，敲代码，解决Bug，过着“996”的生活（早上9点上班，晚上9点下班，一周工作6天），每天到家就夜里10点半了，洗洗漱漱再开始复习，已经很晚了。复习备考的时间很稀少，个人精力也相当有限。

信息系统项目管理师考试涵盖的知识点多而杂，不仅包括项目管理九大知识点，大项目、复杂项目管理高级知识，配置管理，需求管理，还包括信息系统基础知识、信息化基础知识、计算机网络知识、信息安全知识、法律法规、标准规范、数学与经济管理知识以及专业英语等等，可谓是包罗万象。

小虎不是那种天资聪慧、看了就能记住的孩子，经常是左眼睛进，右眼睛出。看着看着，就昏昏欲睡了。复习了很长时间，我感觉依然啥都没有记住。再做一做历年项目管理师考试的上午试题，也是大跌眼镜，备受打击，心灵受到摧残。那个痛苦啊！那个郁闷啊！那个悲催啊！问君能有几多愁，恰似一江春水向东流。我的内心几乎是崩溃的。

我一度怀疑我的人生，一度怀疑我的智商是不是太Low，我的软考之路是不是个“杯具”。当年的我备考信息系统项目管理师考试，压力山大！

事实上，全国计算机技术与软件专业资格（水平）考试，取得高级资格很难。2017年官方数据显示，自2005年至2016年年底，12年时间累计培养了6万名高级项目管理人才，平均1年培养5000人，平均每次考试通过2500人。信息系统项目管理师考试，全国通过率一直保持在10%以内，难度不容小觑。

当年，我在做题复习的过程中，突然灵光一现，脑洞大开——惊喜总在转角处——我发现学习专业知识时，如果用一种新视角来解读试题，记忆得就会更牢固些，学习效果奇好无比——至少对我而言是这样。因为你会发现知识不是高高在上、深不可测的，而是和日常生活紧密相连的，原来知识点就在我们身边，从未“走远”。新视角开启了我软考的想象力，也帮我开启了一个新的世界。哦！My God！原来知识还可以这样子学啊！

柳暗花明又一村，病树前头万木春。从此，我抱着把备战软考当作玩儿的心态一发不可收拾，幸运之神也开始垂青于我，我于2009年当年一举拿下信息系统项目管理师的高级证书，2011年顺利通过系统分析师的考试，2012年又再下“一城”，攻破了系统设计架构师的“城门”。几年时间，我拿到3大国家级高级证书。踏破铁鞋无觅处，得来全不费工夫。

2012年，我开始撰写博客《歪理邪说解析系统分析师上午考试试题》以及《歪理邪说解析架构设计师上午考试试题》等一系列文章，分享了我的备考经验，这些文章数次登上博客排行榜。2017年，我在CSDN学院开播了《跟着小虎玩着去软考》视频讲座，并拥有了一批忠实的“粉丝”；经过这么多年的积累，现与北京航空航天大学出版社合作，将我这些年软考的辅导经验汇集成书，希望能帮助到更多的考友。

《信息系统项目管理师考试历年试题讲解——小虎新视角讲解》一书囊括了4年（2014、2015、2016、2017）的共计8套试题，560道真题。这本书，以另外一种视角来看待软考试题，使考友通过现有的知识储备，就可以轻轻松松选出上午试题的答案，应付上午考试，让考友的自信心爆棚，并坚定软考必过的信心，从而达到让软考变得好玩、有趣，不再枯燥乏味的目的。

重要的事情说三遍：新视角、新视角、新视角。

本书开启了一种新的思路、新的视角，来寻求信息系统项目管理师考试上午试题的答案。

本书中，我并没有采用传统的方法给出详细的知识点，这是因为：一、市场上这种软考书籍很多，包括官方出版的历年试题解析；二、可能很多考生会觉得太专业，学习比较枯燥乏味，学习效果不太好。小虎的新视角主要是从试题本身进行分析，在考虑计算机、项目管理的专业性的基础上，再结合语言学、逻辑学、心理学、社会学等，抽丝剥茧地解析试题。因为一道优秀的软考试题，既会体现考试的专业性，也会融入社会热点或者严谨的概念或者各选项间的相互关系等等，不可避免地要留下一些蛛丝马迹，而这也许就会留下一把快速解题的金钥匙，可以避开复杂的、深奥的专业知识。我们来具体看下面 3 道信息系统项目管理师考试真题的解析，小试牛刀！

(1) 2016 年下半年考试上午试题第 1 题

信息要满足一定的质量属性，其中信息(　　)指信息的来源、采集方法、传输过程是可以信任的，符合预期。

A. 完整性　　B. 可靠性　　C. 可验证性　　D. 保密性

【传统解析】

信息的质量属性的具体含义：

- 完整性：对事物状态描述的全面程度。
- 可靠性：指信息的来源、采集方法、传输过程是可以信任的、符合预期的。
- 安全性：信息被非授权访问的可能性。
- 可验证性：信息的主要质量属性可以被证实或者证伪的程度。
- 精确性：对事物状态描述的精确程度。
- 及时性：指获得信息的时刻与事件发生时刻的间隔长短。
- 经济性：指信息获取、传输带来的成本在可接受的范围之内。

【小虎新视角】

题目的关键词是“信任”。

网友常说，小虎老师，还是蛮信任可靠滴嘛！信任与可靠，不分家的。

参考答案：B

(2) 2016 年下半年考试上午试题第 2 题

以下关于信息化的叙述中，不正确的是(　　)。

A. 信息化的主体是程序员、工程师、项目经理、质量管控人员

B. 信息化的时域是一个长期的过程

C. 信息化的手段是基于现代信息技术的先进社会生产工具

D. 信息化的目标是使国家的综合实力、社会的文明素质和人民的生活质量全面达到现代化水平

【传统解析】

信息化的主体是全体社会成员，包括政府、企业、事业、团体和个人。

【小虎新视角】

题目要求选择“不正确”的选项。

信息化的主体，如果是“程序员、工程师、项目经理、质量管控人员”，那么小虎问亲：

客户去哪儿？

项目组的其他成员去哪儿了？譬如：程序员的直接老大就是技术经理，负责需求的产品经理、架构师、QA、美工等都去哪儿了？

让他们玩消失啊？

选项A至少犯了“以偏概全”的错误。

参考答案：A

(3) 2016年下半年考试上午试题第3题

两化（工业化和信息化）深度融合的主攻方向是（　　）。

A. 智能制造　　B. 数据挖掘　　C. 云计算　　D. 互联网+

【传统解析】

新一轮科技革命和产业变革呼唤加快推进信息化与工业化深度融合。以制造业数字化、网络化、智能化为标志的智能制造，是两化深度融合的切入点和主攻方向，这已经成为业界的普遍共识和企业的主要行动。

【小虎新视角】

什么叫深度融合？就是你中有我，我中有你呗！

就像男女年轻人谈恋爱，结婚，生子，这就是高度融合，你中有我，我中有你，谁也离不开谁。

智能：信息化呗！

制造：工业化呗！

参考答案：A

考友们可以清楚地看到，对每道题的知识点略知一二，再结合日常生活、工作经验，就可以分析出试题的正确答案，达到轻轻松松学习、快速记忆的效果。

小虎一直期待计算机专业知识、技术的学习，能够和许多散文或者历史故事的学习一样有趣、好玩，使大家享受其中的乐趣；尤其是备考全国计算机技术与软件专业技术资格（水平）考试这样的技术考试，最好能像玩游戏一样乐在其中，那么疯狂、那么过瘾。

我的能力有限，但是我有一颗真诚的心，也用尽了自己的洪荒之力。现将本书献给渴望通过信息系统项目管理师考试的小伙伴们。如果你正处于迷茫、困惑、焦虑中，如果你苦苦学习复习，效果却不甚明显，也许用短短几天时间学习本书，就可以让你信心爆棚。信心比黄金更重要，它能给成千上万奔波在软考路上的考友们提供足够的勇气。希望各位考友为了创造美好幸福的生活而努力，因为幸福都是奋斗出来的。小伙伴，撸起袖子加油干，好好复习！

小虎要给北京航空航天大学出版社及董宜斌老师点赞，正是因为他们工作给力、卓有成效，才有了本书的出版发行。由于小虎水平有限，书中错误在所难免，欢迎各位考友批评指正。

最后，以一首诗结尾，祝各位考友取得成功。

《七律·备考项目管理师》

项目考生筹软考，今朝备考正当时。
高深书籍君看睡，好玩解析人学知。
小虎相陪来应考，网虫作伴去勤思。
水平考试轻松过，自此成为管理师。

小　虎

2018 年 2 月

目 录

2017 小玩一把

精彩人生，刚刚拉开帷幕。

2016 玩性不改

一路玩着去软考，路上有风景。

2015 玩兴正酣

未来之路在脚下，延伸开来。

2014 一玩到底

一玩到底拿个证，仗剑走天下。

2017 小玩一把

精彩人生，刚刚拉开帷幕。

2017 年信息系统项目管理师考试

试题与讲解

2017年上半年信息系统项目管理师考试上午试题讲解

1. 信息系统是由计算机硬件、网络通信设备、计算机软件，以及(　　)组成的人机一体化系统。

A. 信息资源、信息用户和规章制度

B. 信息资源、规章制度

C. 信息用户、规章制度

D. 信息资源、信息用户和场地机房

【小虎新视角】

题干中的关键字是"人机"，如何体现人，当然得有"信息用户"，排除选项B。

现在都讲资源，有人脉资源，当然也得有信息资源，排除选项C。

现在都是云计算的天下，哪还有场地机房，排除选项D。

知识点：

信息资源、材料、能源，作为国民经济和社会发展3大战略资源。

参考答案　1.（A）

2. 企业信息化是指企业在作业、管理决策的各个层面，利用信息技术提高企业的智能化、自动化水平的过程。(　　)一般不属于企业信息信息化的范畴。

A. 在产品中添加了跟踪服务功能

B. 实现了OA系统的扩展

C. 引入了专家决策系统

D. 第三方广告平台的更新

【小虎新视角】

题目中说：企业信息化是指企业在作业、管理决策的各个层面利用信息技术。

选项A，"在产品中添加了跟踪服务功能"，这个是作业层面，符合题干说的"提高企业的智能化、自动化水平的过程"。

选项B，OA，即办公自动化系统，属于企业信息化范畴，IT常识。

选项C，"引入了专家决策系统"，符合题干说的管理决策，属于企业信息化范畴。

小虎多说几句：

选项D，“第三方广告平台的更新”，第三方广告平台，说其是企业信息化就有些牵强了，再加上“的更新”，有了这个词，就更加不合适了。

软考的选择题是单选题，题干“一般不属于”问的是哪个选项最不靠谱、最不适合，当然是D啦！

参考答案 2.（D）

3. 智能制造是制造技术发展的必然趋势，从理论上来讲，（　　）是智能制造的核心。

A. 制造机器人　　B. CPS

C. 互联网　　D. 3D打印

【小虎新视角】

选项C，“互联网”，多少年的概念了，20世纪90年代才如此说，排除。

制造机器人与3D打印，两项权衡，排除3D打印。

学过计算机、信息管理的“童靴”都知道，MIS是信息管理系统，一般S是系统的意思。

学计算机、搞IT的都知道一个概念，那就是硬件与软件相比，软件是核心。智能制造当然也得有软件，得有软件系统啊！CPS就是一个软件系统，当然选B啦！

知识点：

CPS是Cyber－Physical Systems的缩写，中文名：信息物理系统。其是一个综合计算、网络和物理环境的多维复杂系统，通过3C(Computer、Communication、Control)技术的有机融合与深度协作，实现大型工程系统的实时感知、动态控制和信息服务。

参考答案 3.（B）

4. 以下关于信息系统生命周期的叙述中，不正确的是（　　）。

A. 信息系统生命周期可分为立项、开发、运维和消亡四个阶段

B. 立项阶段结束的里程碑是集成企业提交的立项建议书

C. 广义的开发阶段包括系统实施和系统验收

D. 在系统建设的初期就要考虑系统的消亡条件和时机

【小虎新视角】

题目问的是哪个选项不正确，那就看哪个选项不靠谱、不正确。

“立项阶段结束的里程碑”，立项都已经立了，阶段都已经结束了，怎么才提交？立项建议书，应该是先有立项建设书才立项吧！

瞪大👁👁看哟，是开始阶段，还是结束阶段哟！

立项阶段结束的里程碑是《需求规划说明书》。

参考答案 4.(B)

5. 以下关于需求分析的叙述中，不正确的是(　　)。

A. 需求分析的目的是确定系统必须完成哪些工作，对目标系统提出完整、准确、清晰、具体的要求

B. 完整的需求分析过程包括：获取用户需求、分析用户需求、编写需求说明书三个过程

C. 根据项目的复杂程度，需求分析的工作可以由专门的系统分析人员来做，也可以由项目经理带领技术人员完成

D. 软件需求分为三个层次：业务需求、用户需求、功能需求与非功能需求

【小虎新视角】

需求分析包括4个过程：获取用户需求、分析用户需求、编写需求说明书、需求验证。

需求验证环节主要通过原型(Prototype)、POC(Proof of Concept)、用例(Use Case)或简单的功能列表的方式同客户、用户沟通，逐步将业务需求、用户需求等转化为软件系统需求。

验证思维，本质上就是质量思维中的检查思维。

参考答案 5.(B)

6. (　　)不是获取需求的方法。

A. 问卷调查　　B. 会议讨论

C. 获取原型　　D. 决策分析

【小虎新视角】

先找到获取需求的方法。"问卷调查""会议讨论""获取原型"都体现了：获取信息、获取需求。

"决策分析"就是：信息有了、需求有了，对需求进行决策分析，这应该是获取需求下一个阶段的事情。

小虎观点：分清阶段，不同阶段做不同的事情。

参考答案 6.(D)

7～8. 软件设计过程是定义一个系统或组件(　　)的过程，其中描述软件的结构和组织，标识各种不同组件的设计是(　　)。

(7) A. 数据和控制流　　B. 架构和接口
C. 对象模型　　D. 数据模型

(8) A. 软件详细设计　　B. 软件对象设计
C. 软件环境设计　　D. 软件架构设计

【小虎新视角】

组件跟接口、架构,经常是在一起的。选B、D。

组件的设计,就是软件架构的设计。

参考答案 7.(B)　8.(D)

9. 软件工程中,(　　)的目的是评价软件产品,以确定其对使用意图的适合性。

A. 审计　　B. 技术评审
C. 功能确认　　D. 质量保证

【小虎新视角】

方法一:识记知识点法。

概念题,选B。

这个题考了很多次了,需要记住该定义。

方法二:排除法。

题目说的是软件产品,概念比功能要大,可以排除C"功能确认"。

题干没有说到质量,可以排除D。

审计,关注的是软件的过程合法性,而不是适合性。

技术评审,说的是:评价软件产品,确定技术对使用意图的适合性。

参考答案 9.(B)

10. (　　)的目的是提供软件产品和过程对于可应用的规则、标准、指南、计划和流程的遵从性的独立评价。

A. 软件审计　　B. 软件质量保证
C. 软件过程管理　　D. 软件走查

【小虎新视角】

概念题,选A。

也可以使用排除法。

题干没有讲到质量,只讲了软件产品和过程,可以排除选项B。

题干讲的是软件产品和过程针对什么独立评价,说的不是管理,可以排除选项C。

题干没有体现软件测试的意思，选项D可以排除。

软件走查是一种软件测试技术。代码检测、走查和评审是软件测试比较常用的3种方法。

参考答案 10.（A）

11. 以下关于软件测试的描述，不正确的是（ ）。

A. 为评价和改进产品质量进行的活动

B. 必须在编码阶段完成后才开始的活动

C. 是为识别产品的缺陷而进行的活动

D. 一般分为单元测试、集成测试、系统测试等阶段

【小虎新视角】

题目问的是："不正确的是"。

其实，我们知道，一般不把话说满、说绝对、说过头，选项B就犯了这个错误，"必须在编码阶段完成后才开始的活动"，太绝对化了。

答案选择B。

其实，我们知道，软件测试活动一般都是贯穿于软件开发整个生命周期，如需求分析、系统分析、详细设计、编码、验收，部署/安装等各个活动的。

参考答案 11.（B）

12. 依据GB/T 11457—2006《信息技术 软件工程术语》，（ ）是一种静态分析技术或评审过程，在此过程中，设计者或程序员引导开发组的成员通读已书写的设计或者代码，其他成员负责提出问题，并对有关技术风格、可能的错误、是否违背开发标准等方面进行评论。

A. 走查　　B. 审计

C. 认证　　D. 鉴定

【小虎新视角】

题目问的是："××××是什么"。典型的概念题，也就是名词解释。

题干说"设计者或程序员""设计或者代码""开发标准"，说的是程序员、软件工程师的事情。

选项A"走查"，就是走过程、查找问题。

选项B"审计"，一般说的是质量审计、安全审计，跟质量工程师、质量经理相关。

选项C"认证"，一般说的是3C认证、产品认证、产品经理的事儿。

选项D"鉴定"，一般说的是项目鉴定，跟项目经理有关。

答案选择A。

参考答案 12.（A）

13～14. 过程质量是指过程满足明确和隐含需要的能力的特性之综合。根据GB/T 16260—2006中的观点，在软件工程项目中，评估和改进一个过程是提高（　　）的一种手段，并据此成为提高（　　）的一种方法。

(13) A. 产品质量　　B. 使用质量
C. 内部质量　　D. 外部质量

(14) A. 产品质量　　B. 使用质量
C. 内部质量　　D. 外部质量

【小虎新视角】

题干说的是过程质量。

如果同学们对GB/T 16260—2006标准不熟悉，可以尝试从题干信息中分析问题。题干信息："过程质量是指过程满足明确和隐含需要的能力的特性之综合"。

明确表示外部质量，隐含表示内部质量，可以排除C、D。

那13题和14题到底选哪一个呢？

既然讲GB/T 16260—2006标准，当然最后的焦点，也应该讲的是标准里的概念。使用质量，属于GB/T 16260—2006标准里的概念。

据此理论，13题选择产品质量，14题选择使用质量。

参考答案 13.（A）　14.（B）

15. 依据GB/T 16680—2015《系统与软件工程 用户文档的管理者要求》，管理者应制订和维护用户文档编制计划。（　　）不属于用户文档编制计划内容。

A. 文档开发过程中实施的质量控制

B. 用户文档的可用性要求

C. 确定用户文档需要覆盖的软件产品

D. 每个文档的媒体和输出格式的控制模板和标准设计

【小虎新视角】

软件工程很讲究，计划是计划，执行是执行，泾渭分明。

题干问的是："管理者应制订和维护用户文档编制计划""不属于用户文档编制计划内容"，讲的是计划。

选项A"文档开发过程中实施的质量控制"，又是开发，又是实施，还说控制，这属于计划吗？不属于。

参考答案 15.(A)

16. 信息系统的安全威胁分为七类,其中不包括(　　)。

A. 自然事件风险和人为事件风险

B. 软件系统风险和软件过程风险

C. 项目管理风险和应用风险

D. 功能风险和效率风险

【小虎新视角】

“系统”与“应用”,是一个层次的概念,是亲兄弟,经常成双成对出现,有软件系统风险,就有应用风险,所以这两个都应该包括在七类里面。

如果包含了“软件系统风险”和“应用风险”,再讲“功能风险”,格局太低了,故选D。

(注:“功能风险”是“软件系统风险”“应用风险”里的子风险,效率风险是软件过程风险里的子风险。功能风险和效率风险属于子风险,是二级风险)。

参考答案 16.(D)

17. (　　)不能保障公司内部网络边界的安全。

A. 在公司网络与Internet或外界其他接口处设置防火墙

B. 公司以外网络上用户,要访问公司网时,使用认证授权系统

C. 禁止公司员工使用公司外部的电子邮件服务器

D. 禁止公司内部网络的用户私自设置拨号上网

【小虎新视角】

题干问的是:“不能保障公司内部网络边界的安全”。

选项C,“禁止公司员工使用公司外部的电子邮件服务器”。内部,外部,一一对应,选择C。

参考答案 17.(C)

18. 安全审计(Security audit)是通过测试公司信息系统对一套确定标准的符合程度来评估其安全性的系统方法,安全审计的主要作用不包括(　　)。

A. 对潜在的攻击者起到震慑或警告作用

B. 对已发生的系统破坏行为提供有效的追究证据

C. 通过提供日志,帮助系统管理员发现入侵行为或潜在漏洞

D. 通过性能测试,帮助系统管理员发现性能缺陷或不足

【小虎新视角】

题干问的是："安全审计的主要作用不包括"。

关键词是：安全审计、主要作用、不包括。

选项D，"通过性能测试，帮助系统管理员发现性能缺陷或不足"，这跟安全相干吗？更别说是主要作用了，别瞎掰乎、瞎扯犊子了。

参考答案 18.（D）

19. 局域网中，常采用广播消息的方法来获取访问目标IP地址对应的MAC地址，实现此功能的协议为（　　）。

A. RARP协议　　B. SMTP协议

C. SLIP协议　　D. ARP协议

【小虎新视角】

题干信息"目标IP地址对应的MAC地址"，两次出现地址，地址的英文是Address。选项A和D里面的"**A**"是Address的缩写，排除B和C。

IP地址是逻辑地址，MAC地址是物理地址，因为有IP协议族，狭义理解IP协议族也是逻辑的、非实物的，所以推测IP地址在前为"正"。意思就是：

根据IP地址找物理地址是地址解析协议，即**ARP**(Address Resolution Protocol)。

参考答案 19.（D）

20. "采用先进成熟的技术和设备，满足当前业务需求，兼顾未来的业务需求"体现了（　　）的机房工程设计原则。

A. 实用性和先进性　　B. 灵活性和可扩展性

C. 经济性/投资保护　　D. 可管理性

【小虎新视角】

题干中说："采用先进成熟的技术和设备"，重点是"先进"二字，当然有先进性；"满足当前业务需求，兼顾未来的业务需求"，说的就是"实用性"。选择A。

所谓，从题干中找蛛丝马迹、找信息、找关键信息，一脉相承法。

参考答案 20.（A）

21. 以下关于综合布线的叙述中，正确的是（　　）。

A. 综合布线系统只适用于企业、学校、团体，不适合家庭

B. 垂直干线子系统只能用光纤介质传输

C. 出于安全考虑，大型楼宇的设备间和管理间必须单独设置

D. 楼层配线架不一定在每一楼层都要设置

【小虎新视角】

选项 A,“只适用于企业、学校、团体,不适合家庭”;

选项 B,“垂直干线子系统只能用光纤介质传输”;

选项 C,“大型楼宇的设备间和管理间必须单独设置”;

话讲得太满、太绝对了,在中国这个讲究中庸之道的国度,做人不要太过,搞技术也一样,不要太绝对哟!

参考答案 21. (D)

22. 在进行网络规划时,应制定全网统一的网络架构,并遵循统一的通信协议标准,使符合标准的计算机系统很容易进行网络互联,这体现了网络规划的(　　)原则。

A. 实用性　　B. 开放型

C. 先进性　　D. 可靠性

【小虎新视角】

题目最后问,“这体现了网络规划的(　　)原则”。这是一道归纳总结题。

题干说,“使符合标准的计算机系统很容易进行网络互联”,只要开放了,也能包容,才能接纳符合标准的计算机进行网络互联。

咱们伟大的国家,一直讲对外开放,不搞闭关锁国,都是为了跟外界、跟其他国家互相联系,进行沟通交流,文化、经济、军事等全方位的沟通交流哟!

参考答案 22. (B)

23. 以下关于网络规划、设计与实施工作的叙述中,不正确的是(　　)。

A. 在设计网络拓扑结构时,应考虑的主要因素有:地理环境、传输介质与距离以及可靠性

B. 在设计主干网时,连接建筑群的主干网一般考虑以光缆作为传输介质

C. 在设计广域网连接方式时,如果网络用户有 WWW、E-mail 等具有 Internet 功能的服务器,一般采用专线连接或永久虚电路连接外网

D. 无线网络不能应用于城市范围的网络接入

【小虎新视角】

选项 D“无线网络不能应用于城市范围的网络接入”,举个反例:

手机 2G、3G、4G 就是无线网络,不就是典型应用城市范围的网络接入吗?

不要一看无线网络,就只想到 WIFI 哟!

参考答案 23. (D)

24. 在无线通信领域,现在主流应用的是第四代(4G)通信技术,其理论下载速率可达到(　　)Mbps(兆比特每秒)。

A. 2.6　　　　B. 4

C. 20　　　　D. 100

【小虎新视角】

此题的解题思路参考2017年下半年试题的第24题的思路,即可找到答案。

附:(试题1)2017年下半年信息系统项目管理师考试上午试题第24题

在无线通信领域,现在主流应用的是第四代(4G)通信技术,5G正在研发中,理论速度可达到(D)。

A. 50 Mbps　　　　B. 100 Mbps

C. 500 Mbps　　　　D. 1 Gbps

(试题2)2010年系统分析师上午试题第63题

Blu-ray光盘使用蓝色激光技术实现数据存储,其单层数据容量达到了(D)。

A. 4.7 GB　　　　B. 15 GB

C. 17 GB　　　　D. 25 GB

参考答案　24. (D)

25. 为了将面向对象的分析模型转化为设计模型,设计人员必须完成以下任务:设计用例实现方案、设计技术支撑设施、(　　)、精化设计模型。

A. 设计用例实现图　　　　B. 设计类图

C. 设计用户界面　　　　D. 软件测试方案

【小虎新视角】

题干说的是,"为了将面向对象的分析模型转化为设计模型",重点是设计模型。

需要完成的任务是:设计用例实现方案、设计技术支撑设施、精化设计模型,讲的都是设计,中间如果放个软件测试方案,不符合语境,D可以排除。

最后任务是:精化设计模型,中间如果放:设计用例实现图、设计类图,都不符合软件开发流程。

软件开发流程一般是:先建模型,再设计,接着实现,最后测试。

参考答案　25. (C)

26. 以下关于UML(Unified Modeling Language,统一建模语言)的叙述中,不正确的是(　　)。

A. UML 适用于各种软件开发方法

B. UML 适用于软件生命周期的各个阶段

C. UML 不适用于迭代式的开发过程

D. UML 不是编程语言

【小虎新视角】

选项 A，适用于各种软件开发方法；选项 C，不适用于迭代式的开发过程；从逻辑上来讲，选项 A、C 是互斥的，必有一个是错的。

现在都讲互联网思维，快速迭代，迭代思维就是典型的互联网思维。UML 这么先进，当然也得适合迭代式的开发过程。不正确的，当然选 C 啦！

小虎想强调下：UML 适用于各种软件开发方法，放之四海而皆准哟！

参考答案 26.（C）

27. 面向对象的软件开发过程是用例驱动的，用例是 UML 的重要部分，用例之间存在着一定的关系，下图表示的是用例之间的（　　）关系。

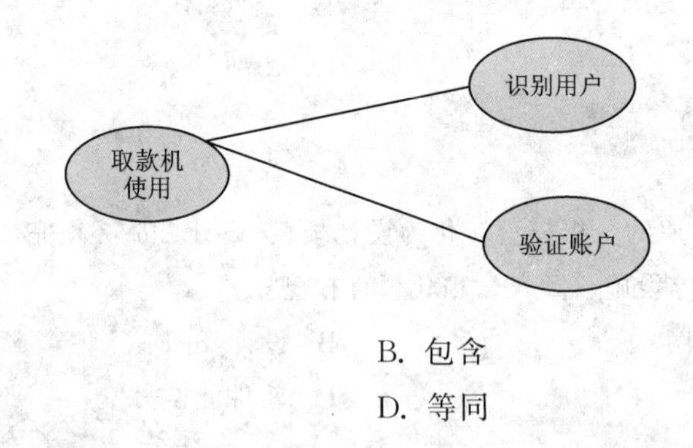

A. 泛化　　　　B. 包含

C. 扩展　　　　D. 等同

【小虎新视角】

题干问的是："取款机使用"与"识别用户"用例之间的关系，以及"取款机使用"与"验证账户"用例之间的关系。

用例之间包含关系，没有该基本用例和后面用例，将无法独立完成，存在一定的因果关系。但是，扩展关系就不一样，没有前面的基本用例，也没有关系。

按此逻辑，没有"识别用户"基本用例，就没有后面的"验证账户"，皮之不存，毛将安附焉。

注意：说的是"取款机使用"与"识别用户"用例之间存在的是包含关系，而不是说的是"识别用户"与"验证账户"用例，这点是需要小伙伴仔细把握的。

注：泛化就是一种继承关系，父与子的关系，小虎还是举个例子吧，有图有真相。

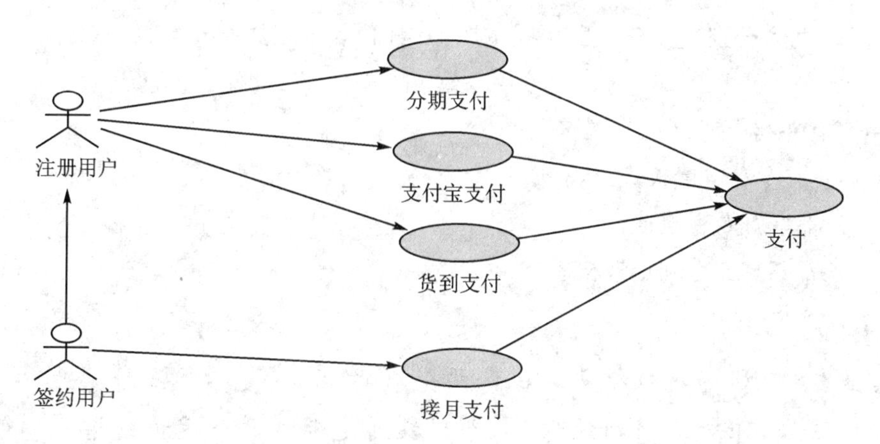

“分期支付”“支付宝支付”“货到支付”“按月支付”用例与“支付”用例，就是一种泛化关系。

用例关系没有“等同”一说。

参考答案 27.（A）

28. 根据《中华人民共和国政府采购法》，（ ）应作为政府采购的主要方式。

A. 公开招标　　B. 邀请招标

C. 竞争性谈判　　D. 询价

【小虎新视角】

题干说，“应作为政府采购的主要方式”。我们不是一直讲“三公”原则，即公开、公正和公平三原则吗？那公开招标当然是政府采购的主要方式啦！

参考答案 28.（A）

29. 根据《中华人民共和国政府采购法》，以下叙述中，不正确的是（ ）。

A. 集中采购机构是非营利性事业法人，根据采购人的委托办理采购事宜

B. 集中采购机构进行政府采购活动，应当符合采购价格低于市场平均价格、采购效率更高、采购质量优良和服务良好的要求

C. 采购纳入集中采购目录的政府采购项目，必须委托集中采购机构代理采购

D. 采购未纳入集中采购目录的政府采购项目，只能自行采购，不能委托集中采购机构采购

【小虎新视角】

凭我们的工作常识也知道，“采购未纳入集中采购目录的政府采购项目”，当然可以委托集中采购机构采购，集中采购价格便宜，虽然过程时间长点，但毕竟规范。

参考答案 29.（D）

30. 甲、乙两人分别独立开发出相同主题的阀门,但甲完成在先,乙完成在后。依据专利法规定,(　　)。

A. 甲享有专利申请权,乙不享有

B. 甲不享有专利申请权,乙享有

C. 甲、乙都享有专利申请权

D. 甲、乙都不享有专利申请权

【小虎新视角】

注意区分:专利申请权与专利权这两个概念。

专利申请权,即申请专利的权利,专利权则是专利最终授予给谁。

甲、乙两人分别独立开发出相同主题的阀门,当然甲、乙都享有专利申请权。

参考答案 30. (C)

31. 通常在(　　)任命项目经理比较合适。

A. 可研过程之前

B. 签订合同之前

C. 招投标之前

D. 开始制订项目计划前

【小虎新视角】

项目经理,有项目二字。选型 D,也有项目二字。当然选 D。

可研过程之前,项目能不能立项、能不能做,都难说,当然任命项目经理,就是一句空话。

签订合同,当然要有项目计划,有项目计划,当然得有项目经理来落实、来制订。

招投标,也一样的,得有项目计划,有项目计划,当然得有项目经理来落实、来制订。

参考答案 31. (D)

32. 现代项目管理过程中,一般会将项目的进度、成本、质量和范围作为项目管理的目标,这体现了项目管理的(　　)特点。

A. 多目标性

B. 层次性

C. 系统性

D. 优先性

【小虎新视角】

题干说,“将项目的进度、成本、质量和范围作为项目管理的目标”。

已经说了 4 个目标,那还不是多目标性?

白纸黑字,清清楚楚啊!

参考答案 32.(A)

33. 项目范围说明书(初步)的内容,不包括( )。

A. 项目和范围的目标
B. 产品或服务的需求和特点
C. 项目需求和交付物
D. 项目计划网络图

【小虎新视角】

题目问的是,哪项内容不属于项目范围说明书(初步)的内容?

只有完成了项目范围说明书(初步),才能进入制订项目管理计划阶段。否则,制订项目管理计划就没有项目依据,那怎么也得有一个简单的项目范围说明书呀!

知道这一点,就轻轻松松选择答案D了。

参考答案 33.(D)

34. 下图是变更控制管理流程图,该流程图确实( )。

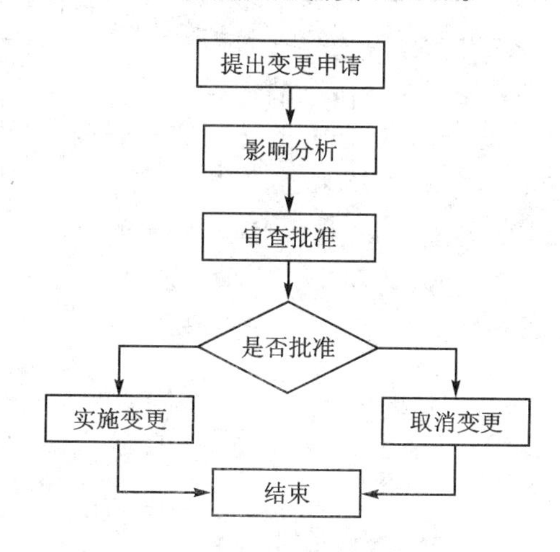

A. 评估影响记录
B. 配置审计
C. 变更定义
D. 记录变更实施情况

【小虎新视角】

题干3处提到“变更”:“提出变更申请”“实施变更”“取消变更”。

选项A、B相关性不大,自己排除。

C、D两相权衡,流程图出现了“实施变更”字眼,结合流程图,毫不犹豫,直接选择D。

参考答案 34.(D)

35. 在创建工作分解结构时,描述生产一个产品所需要的实际部件、组件的分解层次表格称为(　　)。

A. 风险分解结构　　B. 物料清单

C. 组织分解结构　　D. 资源分解结构

【小虎新视角】

题干说,“描述生产一个产品所需要的实际部件、组件”,这不就是物料吗？难道敢说其是风险、是组织、是资源？

产品与物料在一起,也是很搭界的哟！

参考答案　35.(B)

36～37. 下图是某项目的箭线图(时间单位:周),其关键路径是(　　),工期是(　　)周。

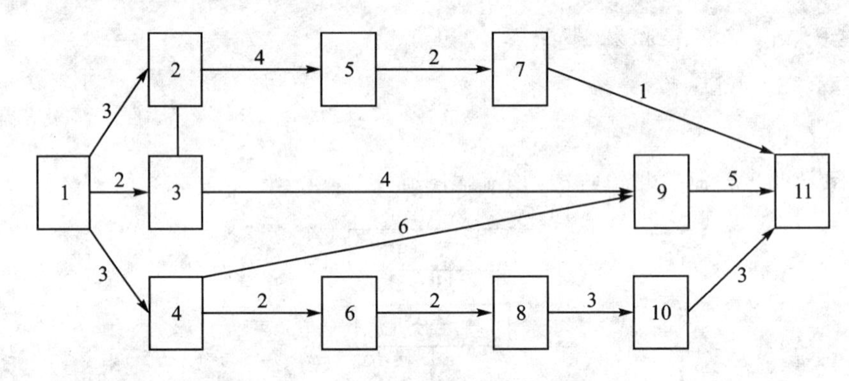

(36) A. 1—4—6—8—10—11　　B. 1—3—9—11

C. 1—4—9—11　　D. 1—2—5—7—11

(37) A. 14　　B. 12

C. 11　　D. 13

【小虎新视角】

路径一:1—2—5—7—11,工期为:3+4+2+1=10。

路径二:1—3—9—11,工期为:2+4+5=11。

路径三:1—4—9—11,工期为:3+6+5=14。

路径四:1—4—6—8—10—11,工期为:3+2+2+3+3=13。

关键路径,就是最长的那条路径,所以,选择路径三,即选项C;工期选择A。

建议看小虎的《计算天下》软考视频讲座。

参考答案　36.(C)　37.(A)

38. 项目范围基线包括(　　)。

A. 批准的项目范围说明书、WBS及WBS字典

B. 项目初步范围说明书、WBS及WBS字典

C. 批准的项目范围说明书、WBS字典

D. 项目详细范围说明书、WBS

【小虎新视角】

基线，是要经过审核的、批准的。这就排除了选项B、D。

WBS(Work Breakdown Structure)，工作分解结构。WBS字典，就是对WBS做详细解释，是WBS的支持性文件。

最终，只能选A，更为合适。

参考答案 38.（A）

39. 辅助(功能)研究是项目可行性研究中的一项重要内容。以下叙述中，正确的是（　　）。

A. 辅助(功能)研究只包括项目的某一方面，而不是项目的所有方面

B. 辅助(功能)研究只能针对项目的初步可行性研究内容进行辅助的说明

C. 辅助(功能)研究只涉及项目的非关键部分的研究

D. 辅助(功能)研究的费用与项目可行性研究的费用无关

【小虎新视角】

题干说，"辅助(功能)研究是项目可行性研究中的一项重要内容"。

当然，"辅助(功能)研究的费用与项目可行性研究的费用有关"，选项D，不正确。

题干并没有说，辅助(功能)研究，研不研究项目关键部分或者非关键部分；也没有说，是不是只研究项目的初步可行性研究内容。

严格扣题，不要臆想。只有选项A，跟题干的意思比较吻合哟！

参考答案 39.（A）

40. 在进行项目可行性分析时，需要在（　　）过程中针对投入/产出进行对比分析，以确定项目的收益率和投资回收期等。

A. 经济可行性分析　　B. 技术可行性分析

C. 运行环境可行性分析　　D. 法律可行性分析

【小虎新视角】

题干说，"投入/产出进行对比分析，以确定项目的收益率和投资回收期"，这些字眼，说的当然是经济了。

参考答案 40.（A）

41. 以下关于项目沟通管理的叙述中，不正确的是（　　）。

A. 对于大多数项目而言，沟通管理计划应在项目初期就完成

B. 基本的项目沟通内容信息可以从项目工作分解结构中获得

C. 制定合理的工作分解结构与项目沟通是否充分无关

D. 项目的组织结构在很大程度上影响项目的沟通需求

【小虎新视角】

选项C，很容易知道不对。制定合理的工作分解结构，怎么与项目沟通是否充分无关呢？这种理解完全是工作中的小白，不食人间烟火。

沟通、沟通、再沟通！沟通的重要性，再怎么强调都不过分。项目十大管理知识领域有“项目沟通管理”，教程里也专门有一个章节讲“项目沟通管理”。

参考答案 41.（C）

42. 沟通管理计划包括确定项目干系人的信息和沟通需求，在编制沟通计划时，（　　）不是沟通计划编制的输入。

A. 组织过程资产　　B. 项目章程

C. 沟通需求分析　　D. 项目范围说明书

【小虎新视角】

题干问的是：“不是沟通计划编制的输入”。

小虎的观点：输入是结果，不是动作。

结果譬如已经成型的文档，如：选项A“组织过程资产”，选项B“项目章程”，选项D“项目范围说明书”。

而选项C“沟通需求分析”，就是一个动作，动作一般就是项目管理的工具和技术。

参考答案 42.（C）

43. 在进行项目干系人分析时，经常用到权力/利益分析法，（　　）属于第二区域的项目干系人。

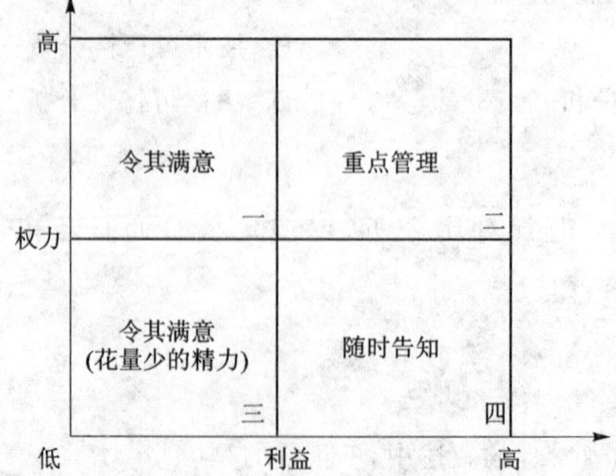

A. 项目客户　　　　B. 项目团队成员

C. 项目经理　　　　D. 供应商

【小虎新视角】

第二区域，就是"重点管理"。什么意思，就是利高权高，权利最高，利益最高。

以此为依据，就可以轻轻松松排除掉"项目团队成员""项目经理"以及"供应商"。

选择A。

参考答案 43.（A）

44. 在沟通管理中，一般（　　）是最有效的沟通并解决干系人之间问题的方法。

A. 面对面会议　　　　B. 问题日志

C. 问题清单　　　　D. 绩效管理

【小虎新视角】

题干说："解决干系人之间问题的方法"。

那问题日志、问题清单当然就不能解决问题，排除选项B和C。

再结合题干要求："最有效的沟通"，A与D，两项权衡，当然选择面对面会议，面对面沟通效果最明显，常说的当面对质，就是把问题说清楚。

参考答案 44.（A）

45.（　　）提供了一种结构化方法以便使风险识别的过程系统化、全面化，使组织能够在统一的框架下进行风险识别，提高组织风险识别的质量。

A. 帕累托图　　　　B. 检查表

C. 风险类别　　　　D. 概率影响矩阵

【小虎新视角】

题干说："一种结构化方法以便使风险识别的过程系统化、全面化，使组织能够在统一的框架下进行风险识别"。

检查表是工具，是风险识别的工具。概率及影响矩阵是工具，是定性风险识别的工具。帕累托图是工具，是质量控制的工具。选择C。

参考答案 45.（C）

46.（　　）不属于风险管理计划编制的成果。

A. 风险类别　　　　B. 风险概率

C. 风险影响力的定义　　　　D. 风险记录

【小虎新视角】

风险管理计划编制属于计划过程组(或者叫阶段)。

小伙伴们做项目管理的都知道,计划、执行、监督与控制等几个过程组(或者叫阶段),“风险记录”属于执行与监控阶段,不属于计划过程组(或者叫阶段)。

参考答案 46.(D)

47. 赫兹伯格的双因素激励理论中的激励因素类似于马斯洛的需求层次理论中的“(　　)”。

A. 安全和自我实现　　B. 尊重和自我实现

C. 安全和社会认可　　D. 社会认可和尊重

【小虎新视角】

马斯洛的需求层次理论:

第一层次:生理需要;

第二层次:安全需要;

第三层次:情感和归属需要;

第四层次:尊重需要;

第五层次:自我实现需要。

这个必须知道。

社会认可就是情感和归属需要。

选项 A 为第二层次与第五层次的需要。

选项 B 为第四层次与第五层次的需要。

选项 C 为第二层次与第三层次的需要。

选项 D 为第三层次与第四层次的需要。

选项 A 可以排除,两个层次差太多。

既然是激励因素,当然要达到好的效果,自我实现,只能选择选项 B!

参考答案 47.(B)

48. 某公司任命小王为某信息系统开发项目的项目经理。小王组建的团队经过一段时间的磨合,成员之间相互熟悉和了解,矛盾基本解决,项目经理得到了团队的认可。由于项目进度落后,小王又向公司提出申请,项目组加入了 2 名新成员。此时项目团队处于(　　)。

A. 震荡阶段　　B. 发挥阶段

C. 形成阶段　　D. 规范阶段

【小虎新视角】

一旦团队加入新成员,就又处于:形成阶段。为啥是形成阶段? 个体成员转变成团队成员，这是理解的关键。

参考答案 48.（C）

49.（　　）不属于项目团队建设的工具和技巧。

A. 事先分派　　B. 培训

C. 集中办公　　D. 认可和奖励

【小虎新视角】

首先要知道人力资源管理的这3个过程，组建项目团队、项目团队建设和管理项目团队，即先组建、再建设、后管理。

其中事先分派是组建项目团队的工具和技术。

参考答案 49.（A）

50～51. 一般，项目计划主要关注项目的（　　），但是对大型复杂项目来说，必须优先考虑制订项目的（　　）。

(50) A. 活动计划　　B. 过程计划

C. 资源计划　　D. 组织计划

(51) A. 活动计划　　B. 过程计划

C. 资源计划　　D. 组织计划

【小虎新视角】

(50)题：

项目时间管理中，特别讲到：活动定义、活动排序、活动资源估算、活动历时估算、制订进度计划、进度控制等。

活动，就是具体的、可实施的详细任务。

项目计划主要关注项目的活动计划，选A。

(51)题：

对大型复杂项目来说，必须优先考虑制订项目的过程计划。

项目的过程具体有哪些呢？具体有：

(1) 项目计划过程；

(2) 项目监督和控制过程；

(3) 项目变更控制过程；

(4) 配置管理过程；

(5) 质量保证过程；

(6) 过程改进过程；

（7）产品工程过程；

（8）产品的验证和确认过程等。

参考答案 50.（A） 51.（B）

52. 大型复杂项目中，统一的项目过程体系可以保证项目质量。在统一过程体系中，（ ）相对更重要，以使过程制度达到期望的效果。

A. 制定过程　　B. 执行过程

C. 监督过程　　D. 改进过程

【小虎新视角】

问题的关键点是"哪个过程相对更重要"。

统一项目过程体系，总共有3个过程，分别是：制定过程、执行过程和监督过程。

题干说"使过程制度达到期望的效果"，说明已经执行之后，是有结果的，所以制定过程不合适，排除A。

监督过程与执行过程，执行过程会有偏差，靠监督过程来纠偏，可以满足题干要求"使过程制度达到期望的效果"。

参考答案 52.（C）

53. 审核并记录供应商的绩效信息，建立必需的纠正和预防措施，作为将来选择供应商的参考过程，属于项目采购管理的（ ）过程。

A. 供方选择　　B. 合同收尾

C. 编制合同　　D. 合同管理

【小虎新视角】

题干说得很清楚："审核并记录供应商的绩效信息"，说明供方选择过程已经结束，选择明确的供应商，当然编制合同过程也早结束了，选项A、C排除。

合同收尾，至少要说明项目是否已正式验收，项目是否达到预期的效果，这一点题目压根就没有提。

毫无疑问，这是合同管理，选择D。

参考答案 53.（D）

54. 采购是从外部获得产品和服务的完整的购买过程。以下关于采购的叙述中，可能不恰当的是（ ）。

A. 卖方可能会设立一个项目来管理所有的工作

B. 企业采购可以分为日常采购行为和项目采购行为

C. 如果采购涉及集成众多的产品和服务，企业倾向于寻找总集成商

D. 在信息系统集成行业，普遍将项目所需产品或服务资源采购称为“外包”

【小虎新视角】

既然有日常采购行为，当然也有计划采购行为，高大上的说法就是依据公司的战略计划的采购行为。

日常采购行为，有些随意，但是依据公司的战略计划的采购行为，是有计划的、战略性的行为，是提前规划的。

参考答案 54.（B）

55. 项目整体绩效评估中风险评估是一个十分重要的技术。风险评估不是简单的凭空想象，必须（　　）后才能方便操作。

A. 制订风险管理计划　　B. 风险识别

C. 风险定性分析　　D. 风险定量分析

【小虎新视角】

既然题目都说了“风险评估”，风险已经知道了，那当然不是再来说“制订风险管理计划”“风险识别”了，排除A、B。

题目说，“风险评估不是简单的凭空想象”，一定要量化、数字化，那当然是：风险定量分析。

参考答案 55.（D）

56. 对项目的投资效果进行经济评价的方法，包含静态分析法和动态分析法，这两种方法的区别主要体现在（　　）。

A. 是否考虑了资金的时间价值

B. 是否考虑了投资效益

C. 是否考虑了投资回收期

D. 是否考虑了投资总额和差额

【小虎新视角】

对项目的投资效果进行经济评价的方法，包含静态分析法和动态分析法。这两种方法的区别主要在于资金的时间价值不同。资金的时间价值，通俗的理解是，今天一元钱的价值不等同于明天一元钱的价值，今天一元钱的价值要高于明天一元钱的价值。

参考答案 56.（A）

57. 以下关于大型复杂项目和多项目管理的叙述中，不正确的是（　　）。

A. 大型复杂项目必须建立以过程为基础的管理体系

B. 为了确保大型复杂项目的过程制度起到预期作用，必须在项目团队内部建立统一的体系，包括制定过程、计划过程、执行过程

C. 大型复杂项目的项目过程确定后，再制订项目计划

D. 大型IT项目大都是在需求不十分清晰的情况下开始的，所以项目自然分成需求定义和需求实现两个主要阶段

【小虎新视角】

执行过程，就要有监督过程，缺少监督过程。

制定过程，本质上和计划过程是一样的，重复。应该是："必须在项目团队内部建立统一的体系，包括制定过程、执行过程和监督过程"。所以应该选择B。

参考答案　57.（B）

58. 项目经理往往在做软件项目成本估算时，先考虑了最不利的情况，估算出项目成本为120人/日，又考虑了最有利的情况下项目成本为60人/日，最后考虑一般情况下的项目成本可能为75人/日，该项目最终的成本预算应为（　　）人/日。

A. 100　　B. 90

C. 80　　D. 75

【小虎新视角】

三点法计算公式：

（最悲观的工期＋4×最可能的工期＋最乐观的工期）/6

成本预算＝（120＋75×4＋60）/6＝80（人/日）

参考答案　58.（C）

59. 项目经理对项目负责，其正式权利由（　　）获得。

A. 项目工作说明书　　B. 成本管理计划

C. 项目资源日历　　D. 项目章程

【小虎新视角】

"项目工作说明书""成本管理计划"和"项目资源日历"，这都是项目经理要干的活，是管理过程中要输出的成果。说由自己的工作成果获得"正式权利"，这有违常识，不合常理，故排除A、B和C，答案选D。

项目章程的两个重要作用：

（1）正式宣布项目的存在，对项目的开始实施，赋予合法地位。

(2) 正式任命项目经理,授权其使用组织的资源开展项目活动。

参考答案 59.(D)

60. 质量管理工具(　　)常用于找出导致项目问题产生的潜在原因。

A. 控制图　　　　B. 鱼骨图

C. 散点图　　　　D. 直方图

【小虎新视角】

鱼骨图,常用来查找导致项目问题产生的潜在原因。

散点图,用来查找导致项目问题产生的这些原因之间的相关性。

直方图,用来查看导致项目问题产生的这些原因,谁的责任更大。

控制图,用来查看项目质量是否有保障,也就是说项目是否有问题。

参考答案 60.(B)

61. 信息系统工程监理的内容可概括为:四控、三管、一协调,其中"三管"主要是针对项目的(　　)进行管理。

A. 进度管理、成本管理、质量管理

B. 合同管理、信息管理、安全管理

C. 采购管理、配置管理、安全管理

D. 组织管理、范围管理、挣值管理

【小虎新视角】

"进度管理""成本管理""质量管理""采购管理",以及"范围管理""挣值管理",这些都是信息系统项目经理的岗位职责和工作内容,故排除A、C和D。

"配置管理"是软件配置管理工程师的岗位职责。

此外,题干说"信息系统工程监理",监理的依据是什么?自然是合同!合同管理,这是重中之重,4个选项中,只有选项B有合同管理,故选B。

参考答案 61.(B)

62. 根据《国家电子政务工程建设项目档案管理暂行办法》的规定,电子政务项目实施机构应在电子政务项目竣工验收后(　　)个月内,根据建设单位档案管理规定,向建设单位或本机构的档案管理部门移交档案。

A. 6　　　　B. 1

C. 2　　　　D. 3

【小虎新视角】

方法一:

识记题,3 个月内。

方法二:

如果实在没有记住,怎么办?电子政务项目竣工验收后 6 个月内,移交档案,时间太长了。1 个月内,又太短了。C、D 到底选哪一个呢?事不过三,那选 3 个月,以一个季度为限!选择答案 D。

参考答案 62.(D)

63. 以下关于软件版本控制的叙述中,正确的是(　　)。

A. 软件开发人员对源文件的修改在配置库中进行

B. 受控库用于管理当前基线和控制对基线的变更

C. 版本管理与发布由 CCB 执行

D. 软件版本升级后,新基线存入产品库且版本号更新,旧版本可删除

【小虎新视角】

(1) 源文件修改应在开发库,不是配置库;

(2) 叙述是正确的;

(3) 配置管理有 CCB 和配置管理员至少两个角色;CCB 是配置控制委员会(Configuration Control Board,CCB);版本管理与发布由配置管理员执行。

(4) 旧版本怎么删除呢?一定要保留,便于版本跟踪、回溯。

参考答案 63.(B)

64. 在与客户签订合同时,可以增加一些条款,如限定客户提出需求变更的时间,规定何种情况的变更可以接受,拒绝或部分接受,规定发生需求变更时必须执行变更管理流程等内容属于针对需求变更的(　　)。

A. 合同管理　　　　B. 需求基线管理

C. 文档管理　　　　D. 过程管理

【小虎新视角】

方法一:抓题眼。

"需求变更的时间""规定发生需求变更时必须执行变更管理流程""内容属于针对需求变更",题干 3 处提到"需求变更",需求变更是题干的核心关注点,是题眼,是重点,是焦点,要围绕这个中心来寻求答案,符合的唯有选项 B,因其有"需求"二字。

方法二:排除法。

需求变更管理中没有"合同管理"一说,排除 A。

题干信息中提到"规定发生需求变更时必须执行变更管理流程"，这明显不属于文档管理，排除C；讲过程管理，那是泛泛而谈，太空洞，排除D。

参考答案 64.(B)

65. 项目的需求文档应精准描述要交付的产品，应能反映出项目的变更。当不得不做出变更时，应该(　　)对被影响的需求文件进行处理。

A. 从关注高层系统需求变更的角度　　B. 从关注底层功能需求变更的角度

C. 按照从高层到底层的顺序　　D. 按照从底层到高层的顺序

【小虎新视角】

首先要明白什么是底层，什么是高层。

高层就是应用层，底层就是数据层、系统层。

底层某个需求修改了，对上层各个应用都会有影响，影响的覆盖面越广，影响会越大。

但是高层需求修改，也就是某一个应用修改了，仅仅是对高层某一块有影响。

所以修改顺序是：按照从高层到底层的顺序对被影响的需求文件进行处理，选择C。

参考答案 65.(C)

66. 某机构拟进行办公自动化系统的建设，有四种方式可以选择：① 企业自行从头开发；② 复用已有的构件；③ 外购现成的软件产品；④ 承包给专业公司开发。针对这几种方式，项目经理提供了如下表所示的决策树。其中在复用的情况下，如果变化大则存在两种可能，简单构造的概率为0.2，成本约31万元；复杂构造的概率为0.8，成本约49万元。据下表，管理者选择建设方式的最佳决策是(　　)。

项目名称	办公自动化系统							
选择方案	自行开发		复用		外购		承包	
决策节点	难度小	难度大	变化小	变化大	变化小	变化大	没变化	有变化
频率分布	0.3	0.7	0.4	0.6	0.7	0.3	0.6	0.4
预期成本	38万元	45万元	27.5万元	见说明	21万元	30万元	35万元	50万元

A. 企业自行从头开发　　B. 复用已有的构件

C. 外购现成的软件产品　　D. 承包给专业公司开发

【小虎新视角】

试题要灌输的是正确的行业价值观。

当然是外购现成的软件产品，最省钱，成本最低啰！选择答案C。

参考答案 66.（C）

67. 下图标出了某产品从产地Vs到销地Vt的运输网，剪线上的数字表示这条输线的最大通过能力（流量）（单位：万吨/小时）。产品经过该运输网从Vs到Vt的最大运输能力可以达到（　　）万吨/小时。

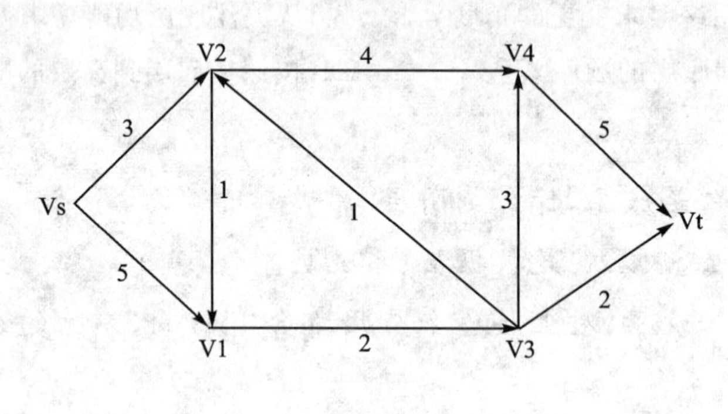

A. 5　　　　B. 6

C. 7　　　　D. 8

【小虎新视角】

V4—Vt是5，而V3—Vt是2，两者相加才是7，所以Vs到Vt的最大运输能力不可能超过7，故选项D可以排除。

用排除法，可以依次排除掉B、C。

选项A，操作方法：

Vs—V2，运输3万吨/小时，再加上Vs—V1，运输2万吨/小时即可。

参考答案 67.（A）

68. 假设某IT服务企业，其固定成本为50万元，每项服务的可变成本为2000元/次，提供每项服务的价格为2500元/次，那么该企业的盈亏平衡点为（　　）次。

A. 1500　　　　B. 1000

C. 600　　　　D. 1200

【小虎新视角】

假设该企业的盈亏平衡点为X次，依据题意，则有：

$0.2X+50=0.25X$

$0.05X=50$

$X=1000$

参考答案 68.（B）

69. 某企业生产甲、乙两种产品，其单位利润分别是300元、200元，该公司有两个机械加工中心Ⅰ和Ⅱ，它们每天工作的有效工时分别为20小时、18小时。甲、乙产品都需经过这两个中心加工，生产每单位产品甲在加工中心Ⅰ需要1小时，在加工中心Ⅱ需要3小时。生产每单位产品乙在加工中心Ⅰ和Ⅱ各需要2小时和1小时。根据市场调查，产品甲的日需求量不会超过5单位，产品乙则无论生产多少都能售完。利润最大的生产方案是(　　)。

A. 每天生产产品甲4.2单位，乙8.6单位

B. 每天生产产品甲4.6单位，乙6.8单位

C. 每天生产产品甲3.6单位，乙7.5单位

D. 每天生产产品甲3.2单位，乙8.4单位

【小虎新视角】

假设每天生产产品甲 X 单位，乙 Y 单位

机械加工中心Ⅰ和Ⅱ

$X\times1+Y\times2\leqslant20$ 可得：

$(X\times3+Y\times1+Y\times5\leqslant60)$ (1)

机械加工中心Ⅰ和Ⅱ

$X\times3+Y\times1\leqslant18$ (2)

$0<X\leqslant5, 3\leqslant Y\leqslant10$ (3)

$X\times3+Y\times1=18$　　　　$X\times3+Y\times1+Y\times5=60$

$X=3.2, Y=8.4$

问题是：$300X+200Y$ 最大值

$300X+200Y=100(3X+Y)+100Y$

Y 最大，当然就是 $Y=8.4$，所以选择答案D。

参考答案　69.(D)

70. 项目经理在运行预算方案编制时，收集到的基础数据如下：工作包的成本估算为40万元；工作包的应急储备金为4万元；管理储备金为2万元。该项目的成本基准是(　　)万元。

A. 40　　　　B. 44

C. 42　　　　D. 46

【小虎新视角】

管理储备不是项目成本基线的一部分，但包含在项目的预算中。

成本基准＝项目估算＋项目应急储备金＝40＋4＝44(万元)

参考答案　70.(B)

2017年下半年信息系统项目管理师考试上午试题讲解

1.（　）是物联网应用的重要基础，是两化融合的重要技术之一。

A. 遥感和传感技术　　B. 智能化技术

C. 虚拟计算技术　　D. 集成化和平台化

【小虎新视角】

题干的关键信息有："物联网""基础技术"。

要使物联网网络中的所有物体联系在一起进行信息交换和通信，得依赖于传感器技术，传感器可以测量和收集物体的信息，这是信息交换的基础，譬如温度传感器测量温度、湿度信息，据此分析，答案选择A。

参考答案　1.（A）

2. 两化深度融合已经成为我国工业经济转型和发展的重要举措之一。对两化融合的含义理解正确的是（　）。

A. 工业化与现代化深度融合　　B. 信息化与现代化深度融合

C. 工业化与信息化深度融合　　D. 信息化与社会化深度融合

【小虎新视角】

题干中谈到"我国工业经济转型和发展的重要举措之一"，所以当然要有工业化，那就只能从A、C中选择；既然是计算机专业考试，当然得跟计算机靠边，将现代化与信息化两项进行比较，选择信息化，所以选择C。

参考答案　2.（C）

3. 某种大型种植企业今年要建设一个构建在公有云上的企业招投标信息系统，项目经理称现在正在进行软件采购，按照信息系统的生命周期5阶段划分法，当前处于（　）阶段。

A. 系统规划　　B. 系统分析

C. 系统设计　　D. 系统实施

【小虎新视角】

排除法。

题干说"正在进行软件采购"，采购的软件都已经是成品了，不需要设计开发了,早已经跳过了系统规划、系统分析、系统设计这3个阶段。答案选择D,处于系统实施阶段。

或者说,如果项目经理采购完软件,下一步就是在公有云上进行部署安装、运行和维护,也就是我们常说的运行维护阶段,也可以反推出,该阶段是系统实施阶段。

参考答案 3.(D)

4. 商业智能将企业中现有的数据转化为知识,帮助企业做出明智的业务经营决策,包括数据预处理、建立数据模型、数据分析及数据展现4个阶段,其主要应用的3个关键技术是( )。

A. 数据仓库/OLAP/数据挖掘　　B. ETL/OLAP/数据展现

C. 数据仓库/OLTP/OLAP　　D. 数据集市/数据挖掘/数据质量标准

【小虎新视角】

此题的关键字是"关键技术"。

数据展现,就是将数据通过如文字、图表、图形等各种形式呈现给用户,所以说数据展现是关键技术不合适,排除B。

说标准是关键技术也不符合工作常识,排除D。

选项A与C比较,要优先选择数据挖掘,这个技术颇有技术含金量,IT技术说得比较多。尤其是题干中的信息:

(1)"能将企业中现有的数据转化为知识";

(2)"数据分析"。

数据挖掘技术,针对数据处理与分析,正好可以大显身手,一展才华。

排除C,最终选择A。

参考答案 4.(A)

5. 区块链是一种按照时间顺序将数据区块以顺序相连的方式组合成的一种链式数据结构,并以密码学方式保证的不可篡改和不可伪造的分布式账本。它主要解决交易的信任和安全问题,最初是作为( )的底层技术出现。

A. 电子商务　　B. 证券交易

C. 比特币　　D. 物联网

【小虎新视角】

方法一:

题干说,"主要解决交易的信任和安全问题",说物联网,有点牵强了,排除掉D。

题干又说,"最初是作为(　　)的底层技术出现",既然是最初,我们天天用淘宝、京东,很少说用到区块链技术的,可以排除掉A。

证券交易,这个也是很久以前就在谈的概念,同理也可以排除掉B。

最终,选择C。

方法二:

2017年的比特币最火,一个比特币的价格,从年初的2100美元,到12月份,已突破1万美元,一路狂飙。

当然选比特币这个概念,与时俱进。

参考答案　5.(C)

6. 人工智能(Artificial Intelligence,简称AI),是研究、开发用于模拟、延伸和扩展人的智能的理论、方法、技术及应用系统的一门新的技术科学。近年在技术上取得了长足的进步,其主要研究方向不包含(　　)。

A. 人机对弈　　　　B. 人脸识别

C. 自动驾驶　　　　D. 3D打印

【小虎新视角】

人工智能,顾名思义,"智"就是要有智慧。

人机对弈,机器跟人下棋对弈,当然需要有智慧!

人脸识别,让机器、电脑能够识别人脸,也得有智慧,毕竟人的脸在过去、现在、未来,还是有很大差异的,想识别不简单,得有两把刷子。

自动驾驶,百度公司炒得比较火,宣传比较多,大家都清楚是人工智能。

说3D打印,相比较而言,就有点牵强了。

参考答案　6.(D)

7. 研究软件架构的根本目的是解决软件的复用、质量和维护问题,软件架构设计是软件开发过程中关键的一步,因此需要对其进行评估,在这一活动中,评估人员关注的是系统的(　　)属性。

A. 功能　　　　B. 性能

C. 质量　　　　D. 安全

【小虎新视角】

题干问,"评估人员关注的是系统的(　　)属性",到底选哪一个呢?

严格扣题、扣题、扣题、再扣题。

题干第一句就说,"研究软件架构的根本目的是解决软件的复用、质量和维护问题”。

评估活动，自然就回到软件架构的根本目的上了，只有选项C“质量”，是根本目的里所涉及的内容。

参考答案 7.(C)

8. 通常软件的质量管理可以通过质量工具解决，在新七种工具中(　　)是用于理解一个目标与达成此目标的步骤之间的关系，该工具能帮助团队预测一部分可能破坏目标实现的中间环节，因此有助于制订应急计划。

A. 过程决策程序图　　B. 关联图

C. 因果图　　D. 流程图

【小虎新视角】

方法一：

因果图，是找软件质量问题与原因之间的因果关系的。

关联图，也是找软件质量问题与原因之间的关系的。

说流程图，可以“能帮助团队预测一部分可能破坏目标实现的中间环节，因此有助于制订应急计划”，有点扯远了。

如此分析，就只有选“过程决策程序图”。

方法二：

因果图、流程图属于老七种工具，也可排除C与D。

参考答案 8.(A)

9. 以下关于质量保证的叙述中，不正确的是(　　)。

A. 实施质量保证是确保采用合理的质量标准和操作性定义的过程

B. 实施质量保证是通过执行产品检查并发现缺陷来实现的

C. 质量测量指标是质量保证的输入

D. 质量保证活动可由第三方团队进行监督，适当时提供服务支持

【小虎新视角】

“通过执行产品检查并发现缺陷来实现的”，这是实施质量检测，不是实施质量保证。

质量保证是保证软件开发过程规范，采用合理的质量标准等。

质量保证与质量检测的一个重要区别就是，质量检测，是检测具体产品的质量问题，并发现缺陷，以便进行质量改进。

参考答案 9.(B)

10. 某软件企业为了及时、准确地获得某软件产品配置项的当前状态，了解软件开发活动的进展状况，要求项目组出具配置状态报告，该报告内容应包括（　　）。

① 各变更请求概要：变更请求号、申请日期、申请人、状态、发布版本、变更结束日期

② 基线库状态：库标识、至某日预计库内配置项数、实际配置项数、与前版本差异描述

③ 发布信息：发布版本、计划发布时间、实际发布时间、说明

④ 备份信息：备份日期、介质、备份存放位置

⑤ 配置管理工具状态

⑥ 设备故障信息：故障编号、设备编号、申请日期、申请人、故障描述、状态

A. ①②③⑤　　　　B. ②③④⑥

C. ①②③④　　　　D. ②③④⑤

【小虎新视角】

题目要求："了解软件开发活动的进展状况"，当然需要有①，需要各变更请求信息，排除B与D。

备份信息，不是开发活动的进展状况的信息。

配置管理工具状态，倒是真实体现了"进展"二字。所以，唯有选择A。

参考答案　10.（A）

11. 关于企业应用集成(EAI)技术，描述不正确的是（　　）。

A. EAI可以实现表示集成、数据集成、控制集成、应用集成等

B. 表示集成和数据集成是白盒集成，控制集成是黑盒集成

C. EAI技术适用于大多数实施电子商务的企业以及企业之间的应用集成

D. 在做数据集成之前必须首先对数据进行标识并编成目录

【小虎新视角】

表示集成，就是小伙伴常说的界面集成，知道这一点，是解决问题的关键所在。

表示集成，就是把原来零散的系统界面集中到一个新的界面中，形成一个统一的用户界面，进行访问、操作使用，使用户产生"整体"的感觉，不需要了解这些零散的系统的程序如何设计、数据库内部构造等。

所以不难理解，表示集成是黑盒集成，不是白盒集成。

参考答案　11.（B）

12. 依据标准GB/T 11457—2006《信息技术 软件工程术语》，（　　）是忽略系统或部件的内部机制，只集中于响应所选择的输入和执行条件产生的输出的一种测试，是有助于评价系统或部件与规定的功能需求遵循性的测试。

A. 结构测试　　　　B. 白盒测试

C. 功能测试　　D. 性能测试

【小虎新视角】

注意题干，“是有助于评价系统或部件与规定的功能需求遵循性的测试”。

紧扣题意，抓住关键字眼，选择答案C“功能测试”。

参考答案　12.(C)

13. 依据标准GB/T 16260.1—2006《软件工程　产品质量　第1部分 质量模型》定义的外部和内部质量的质量模型，可将软件质量属性划分为(　　)个特性。

A. 三　　B. 四

C. 五　　D. 六

【小虎新视角】

到底选几个呢？记不住，怎么办？

既然题目问：“软件质量属性划分为几个特性”，那就是精细化管理！越多越好，越精细，选择答案D。

参考答案　13.(D)

14. GB/T 8566—2007《信息技术　软件生存周期过程》标准为软件生存周期过程建立了一个公共库框架，其中定义了三类过程，(　　)不属于CB/T 8566—2007定义的过程类别。

A. 主要过程　　B. 支持过程

C. 组织过程　　D. 工程过程

【小虎新视角】

软考的选择题，有一类题是选择不属于(不包括)的，就是说4个选项中，有3个是包括的，只有1个是不在其中的。

软考的选择题的答案都是唯一的，毕竟是单选题嘛！

选项A“主要过程”、选项B“支持过程”，“主要”“支持”是相辅相成的概念，要有就都有，要没有就都没有。所以，A、B都是包含在“CB/T 8566—2007定义的过程类别”里的，即属于三类过程中的2个过程。

综上所述，答案就只有从C、D选项里选一个，“工程过程”过于宽泛，所以选择D。

参考答案　14.(D)

15. GB/T 22240—2008《信息安全技术　信息系统安全等级保护定级指南》标准将信息系统的安全保护等级分为五级。“信息系统受到破坏后，会对社会秩序和公共利益造成严重损害，或者对国家安全造成损害”是(　　)的特征。

A. 第二级　　B. 第三级

C. 第四级　　D. 第五级

【小虎新视角】

信息系统的安全保护等级分五级，具体是：

第一级，信息系统受到破坏后，会对公民、法人和其他组织的合法权益造成损害，但不损害国家安全、社会秩序和公共利益。

第二级，信息系统受到破坏后，会对公民、法人和其他组织的合法权益产生严重损害，或者对社会秩序和公共利益造成损害，但不损害国家安全。

第三级，信息系统受到破坏后，会对社会秩序和公共利益造成严重损害，或者对国家安全造成损害。

第四级，信息系统受到破坏后，会对社会秩序和公共利益造成特别严重损害，或者对国家安全造成严重损害。

第五级，信息系统受到破坏后，会对国家安全造成特别严重损害。

学会区分“特别严重损害”“严重损害”“损害”，以及“社会秩序和公共利益”与“国家安全”，就不难作答了。

小虎老师，如何记忆呢？

从“公民、法人和其他组织的合法权益”“社会秩序和公共利益”与“国家安全”三个方面进行划分，再从“损害”“严重损害”以及“特别严重损害”3种危害程度进行细分。

列个表格，进行对比，一目了然，方便记忆。

安全保护等级	公民、法人和其他组织的合法权益	社会秩序和公共利益	国家安全
第一级	损害	无损害	无损害
第二级	严重损害	损害	无损害
第三级		严重损害	损害
第四级		特别严重损害	严重损害
第五级			特别严重损害

参考答案　15.(B)

16. 针对信息系统，安全可以划分为四个层次，其中不包括(　　)。

A. 设备安全　　B. 人员安全

C. 内容安全　　D. 行为安全

【小虎新视角】

“安全可以划分为四个层次”，关键词是“层次”，先讲设备，再谈数据，接着讲内容，最后是行为，步步紧逼，层层推进。

针对信息系统，安全可以划分为四个层次，分别为：设备安全、数据安全、内容安全和行为安全。

设备安全讲的是基础设施的安全，数据安全讲的是计算机信息的安全，内容安全考虑的是道德、法律层面的安全，行为安全强调的是过程安全，是动态安全。

参考答案 16.(B)

17. 以下网络安全防御技术中，(　　)是一种较早使用、实用性很强的技术，它通过逻辑隔离外部网络与受保护的内部网络的方式，使得本地系统免于受到威胁。

A. 防火墙技术　　　　B. 入侵检测与防护技术

C. VPN 技术　　　　D. 网络蜜罐技术

【小虎新视角】

“隔离外部网络”“保护内部网络”，通过这些关键字眼，可以判断是防火墙，墙之外是外部网络，墙之内是内部网络，一墙之隔，是网络的两个世界。

参考答案 17.(A)

18. 按照行为方式，可以将针对操作系统的安全威胁划分为：切断、截取、篡改、伪造四种。其中(　　)是对信息完整性的威胁。

A. 切断　　　　B. 截取

C. 篡改　　　　D. 伪造

【小虎新视角】

单从字面意思理解：

“切断”，是切取信息的一个片段；

“截取”，是截取信息的一部分，一个局部。

可以排除掉选项 A 与 B。

另外，“切断、截取、篡改、伪造”，从排序、逻辑上也可知，安全威胁是从“线到面，再到全方位”“局部到全部”，此种方法也可排除掉“切断”“截取”。

“童靴”们也知道，伪造证书，原来证书还是在的，只不过是又仿造了一份一模一样的证书，是对信息的真实性有威胁，不是对信息的完整性有威胁。

篡改，都说“改”了，又排在第 3 个，当然是对信息完整性的威胁了。

参考答案 18.(C)

19. IP协议属于(　　)。

A. 物理层协议　　　　B. 传输层协议

C. 网络层协议　　　　D. 应用层协议

【小虎新视角】

IP是Internet Protocol的缩写,Internet是网络的意思,所以当然是网络层协议了。

参考答案　19.(C)

20. 2015年国务院发布的《关于积极推进"互联网+"行为的指导意见》提出:到(　　)年,网络化、智能化、服务化、协同化的"互联网+"产业生态体系基本完善,"互联网+"成为经济社会创新发展的重要驱动力量。

A. 2018　　　　B. 2020

C. 2025　　　　D. 2030

【小虎新视角】

"网络化、智能化、服务化、协同化的"互联网+"产业生态体系基本完善,"互联网+"成为经济社会创新发展的重要驱动力量",工程相当庞大。

这道考题的时间是2017年11月份,转瞬之间,2018年就来到了,完全不可能这么快就实现。

2016年,随着谷歌公司阿法狗对战世界围棋冠军韩国棋手李世石,人工智能才开始火起来,引起企业界、科技界、政府等的关注,智能化才刚刚起步。

2020年时间也很短,也只有3年的时间,不可能实现。

题干说"**2015**年国务院发布",到**2025**年,国务院做十年规划比较常见,到**2030**年,国务院做十五年规划比较少,此外,计算机、互联网的发展迅猛,可谓日新月异、一日千里,这也会导致国家层面做十五年规划的少,尤其是科技方面的规划。

参考答案　20.(C)

21. 以下关于移动互联网的描述,不正确的是(　　)。

A. 移动互联网使得用户可以在移动状态下接入和使用互联网服务

B. 移动互联网是桌面互联网的复制和移植

C. 传感技术能极大地推动移动互联网的成长

D. 在移动互联网领域,仍存在浏览器竞争及"孤岛"问题

【小虎新视角】

软考上午试题,有一类试题是选择"不正确的",针对此类试题,可以考虑举反

例法进行答题。

选项 C“移动互联网是桌面互联网的复制和移植”，在此举一个简单的小伙伴们都很熟悉的例子，以反驳此观点。

例如：移动互联网硬件载体主要是手机，桌面互联网硬件载体主要是笔记本和台式机。手机屏幕一般不会超过 6.5 英寸，电脑屏幕至少 14 英寸；手机的屏幕小，待机时间短，导致手机的软件虽与 PC 上的软件相同，但其功能差异大、操作方式不一样。应用软件有 PC 版和手机版之分，功能上有较大差异。

“移动互联网是桌面互联网的复制和移植”，其理解太简单粗暴了，太天真了，不专业，不正确。

参考答案 21.(B)

22. 在计算机网络设计中，主要采用分层（分级）设计模型。其中（　　）的主要目的是完成网络访问策略控制、数据包处理、过滤、寻址，以及其他数据处理的任务。

A. 接入层　　B. 汇聚层

C. 主干层　　D. 核心层

【小虎新视角】

计算机网络设计，主要采用分层（分级）设计模型，即 3 层模型，分别为：接入层、汇聚层和核心层。

这个必须知道，毕竟这是专业的国家级、最高水准的全国计算机技术与软件专业技术资格（水平）考试。

小虎通俗理解：

接入层，负责接入数据；

汇聚层，哪些数据能够流入核心层，哪些数据要过滤掉，就是所谓的访问策略控制；

核心层，负责交换数据。

看到“访问”“控制”，就选汇聚层。

参考答案 22.(B)

23. 以下关于无线网络的叙述中，不正确的是（　　）。

A. 无线网络适用于很难布线或经常需要变动布线结构的地方

B. 红外线技术和射频技术也属于无线网络技术

C. 无线网络主要适用于机场、校园，不适用于城市范围的网络接入

D. 无线网络提供了许多有线网络不具备的便利性

【小虎新视角】

针对"选择不正确"的试题,举反例来快速判断选项的真伪与对错,举反例法不失为一种快速解题的方法。

针对选项C,中国移动、中国联通的2G、3G以及4G无线网络,不就是典型城市范围的网络接入的吗?

参考答案 23.(C)

24. 在无线通信领域,现在主流应用的是第四代(4G)通信技术,5G正在研发中,理论速度可达到( )。

A. 50 Mbps
B. 100 Mbps
C. 500 Mbps
D. 1 Gbps

【小虎新视角】

软考上午选择题中,有一类考题,主要考察当今科技发展成果,答案是数字,譬如网络传输速度、存储容量等,题目有着深刻的科技意义和社会意义,体现科技的迅猛发展、日新月异、一日千里,给人类生产和生活带来极大的影响和便利。

针对此类试题,如果自己确实不知道,小虎老虎建议一般选择值最大的(也有选择值最小),核心要点是突出技术发展迅猛。

无线通信希望上网速度快,可以无线上网看高清电影或视频,据此理论,选择值最大的,即1 Gbps。

参考答案 24.(D)

附:2010年系统分析师上午试题第63题

Blu-ray光盘使用蓝色激光技术实现数据存储,其单层数据容量达到了(D)。

A. 4.7 GB
B. 15 GB
C. 17 GB
D. 25 GB

25. 面向对象软件开发方法的主要优点包括( )。

① 符合人类思维习惯

② 普适于各类信息系统的开发

③ 构造的系统复用性好

④ 适用于任何信息系统开发的全生命周期

A. ①③④
B. ①②③
C. ②③④
D. ①②④

【小虎新视角】

注意"适用于任何信息系统开发的全生命周期",关键字:"任何信息系统""全生命周期”太绝对化、太武断了，姑且不说组件开发方法，单说传统的结构化开发方法，情何以堪，难道英雄无用武之地了吗？都要走进历史的垃圾篓了吗？

有④的，不能选，故答案选B。

这个世界上，没有一种药是可以包治百病的。

参考答案 25.(B)

26. UML2.0中共包括14种图，其中(　　)属于交互图。

A. 类图　　B. 定时图

C. 状态图　　D. 对象图

【小虎新视角】

类图与对象图，都属于表示系统静态结构的静态模型，当然不是交互图。

交互图，字面理解，是动态图。

状态图，大家比较清楚，就是类的对象的状态迁移呗。

交互、交互，肯定是不同对象之间交互。交互图有：时序图、通信图、定时图、交互概述图。

带时间的都是交互图，如时序图、定时图，即表明发送不同消息的时间顺序。

选B。

参考答案 26.(B)

27.(　　)又称为设计视图，它表示了设计模型中在架构方面具有重要意义的部分，即类、子系统、包和用例实现的子集。

A. 逻辑视图　　B. 进程视图

C. 实现视图　　D. 用例视图

【小虎新视角】

题干说，“设计视图”，我们知道：设计是设计，实现是实现，很容易排除掉选项C“实现视图”。

一个用例代表了系统的一个单一目标，描述了为了实现此目标的活动和用户交互的一个序列。通俗理解，类似用户需求。

需求与设计是两码事，可以排除掉选项D“用例视图”。

参考答案 27.(A)

28. 甲公司因业务开展需要，拟购买10部手机，便向乙公司发出传真，要求以2000元/台的价格购买10部手机，并要求乙公司在一周内送货上门。根据《中华人民共和国合同法》，甲公司向乙公司发出传真的行为属于(　　)。

A. 邀请　　B. 要约

C. 承诺　　D. 要约邀请

【小虎新视角】

直接看《中华人民共和国合同法》,对法律条款,不过分随意解读。

毕竟,法律上说的,一是一,二是二,清清楚楚,不含糊。

“第十五条要约邀请是希望他人向自己发出要约的意思表示,寄送的价目表、拍卖公告、招标公告、招股说明书、商业广告等为要约邀请。”

参考答案　28.(D)

29. 根据《中华人民共和国招标投标法》,招标人和中标人应当自中标通知书发出之日起(　　)日内,按照招标文件和中标人的投标文件订立书面合同。

A. 30　　B. 20

C. 15　　D. 10

【小虎新视角】

既然是要订立书面合同,就要给招标人充分的时间来准备,毕竟法律要充分考虑各种因素,例如有的招投标的单子很大,内部审批流程花费的时间也不少,大型企业流程复杂,审批时间长等因素,故选30日之内。

参考答案　29.(A)

30. (　　)不属于项目经理的岗位职责。

A. 为严格控制项目成本,可不全面执行所在单位的技术规范标准

B. 对项目的全生命周期进行有效控制,确保项目质量和工期

C. 在工作中主动采用项目管理理念和方法

D. 以合作和职业化方式与团队和项目干系人打交道

【小虎新视角】

项目经理管项目,技术经理管技术。

贯彻执行所在单位的技术规范标准,是技术经理的事。

参考答案　30.(A)

31. 项目经理小李依据当前技术发展趋势和所掌握的技术能否支撑该项目的开发,进行可行性研究。小李进行的可行性研究属于(　　)。

A. 经济可行性分析　　B. 技术可行性分析

C. 运行环境可行性分析　　　　　　　　　　D. 其他方面的可行性分析

【小虎新视角】

题目中，两处提到“技术”：

(1) 当前技术发展趋势；

(2) 所掌握的技术能否支撑该项目的开发。

技术就是题眼，就是问题关键、答案关键，选择“技术可行性分析”。

参考答案 31.(B)

32. 某系统开发项目邀请第三方进行项目评估，(　　)不是项目评估的依据。

A. 项目建议书及其批准文件

B. 项目可行性研究报告

C. 报送单位的申请报告及主管部门的初审意见

D. 项目变更管理策略

【小虎新视角】

邀请第三方进行项目评估，评估啥？不就是评估这个项目能不能立项开发吗？

A、B、C看起来是这么回事，要有：项目建议书及其批准文件、项目可行性研究报告、报送单位的申请报告及主管部门的初审意见。项目变更管理策略是立项之后的事情。答案就选D了。

参考答案 32.(D)

33. 项目质量管理包括制订质量管理计划、质量保证、质量控制，其中质量控制一般在项目管理过程组的(　　)中进行。

A. 启动过程组　　　　　　　　　　B. 执行过程组

C. 监督和控制过程组　　　　　　　D. 收尾过程组

【小虎新视角】

题目问的是：“质量控制”，当然在监督和控制过程组了。

控制，是关键字哟！

选项就包含答案啦！

参考答案 33.(C)

34. 项目经理张工带领团队编制项目管理计划，(　　)不属于编制项目管理计划过程的依据。

A. 项目章程　　　　　　　　　　B. 事业环境因素

C. 组织过程资产　　　　D. 工作分解结构

【小虎新视角】

做过项目管理的都知道,"工作分解结构"属于项目范围管理的事情。

项目管理计划过程与项目范围管理过程,不属于同一个管理过程。

选择答案D。

参考答案 34.(D)

35.(　　)不属于项目监控工作的成果。

A. 进度预测　　　　B. 项目文件更新

C. 工作绩效报告　　　　D. 项目管理计划更新

【小虎新视角】

进度预测是项目进度管理成果,很好理解,选A。

"项目监控工作"属于项目整体管理下的工作,而项目进度管理与项目整体管理是一个层次、级别的管理。

参考答案 35.(A)

36. 依据变更的重要性分类,变更一般分为(　　)、重要变更和一般变更。

A. 紧急变更　　　　B. 重大变更

C. 标准变更　　　　D. 特殊变更

【小虎新视角】

紧急变更,不是变更的重要性,而是变更的紧急性。变更紧急性,是指对待变更的处理,时间上紧急的程度。

题干说,"依据变更的重要性分类",选项B"重大变更",意思就是大的重要变更,所以选择B,与后面的重要变更和一般变更,语气连贯,一气呵成。

参考答案 36.(B)

37~38. 下图中(单位:周)显示的项目历时总时长是(　　)周。在项目实施过程中,活动d—i比计划延期了2周,活动a—c实际工期是6周,活动f—h比计划提前了1周,此时该项目的历时总时长为(　　)周。

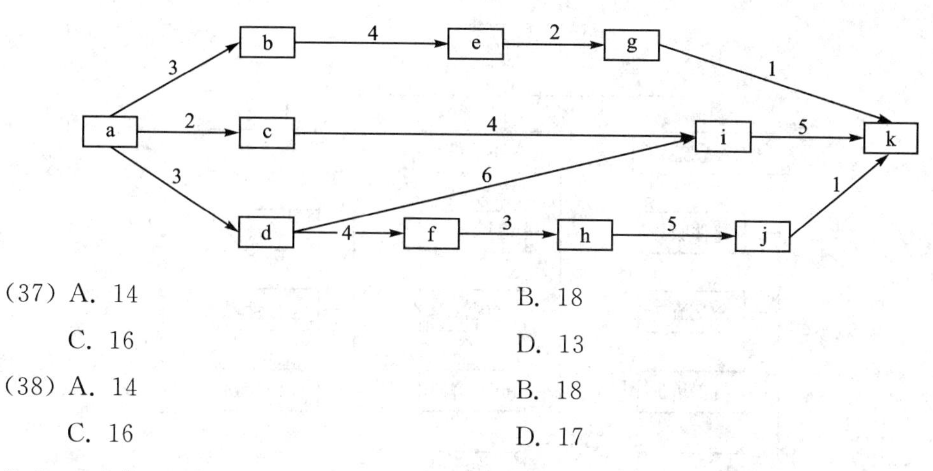

(37) A. 14　　B. 18

C. 16　　D. 13

(38) A. 14　　B. 18

C. 16　　D. 17

【小虎新视角】

总共有4条路径，分别是：abegk、acik、adik、adfhjk。

求项目历时总时长，就是求关键路径和最长路径。

现分别求出4条路径的长度，谁最长谁就是关键路径，就是项目历时总时长。

第(37)题：

abegk 的路径长度为：3+4+2+1=10

acik 的路径长度为：2+4+5=11

adik 的路径长度为：3+6+5=14

adfhjk 的路径长度为：3+4+3+5+1=16

adfhjk 路径最长为16，所以项目历时总时长为16周。

第(38)题：

abegk 的路径长度为：3+4+2+1=10

acik 的路径长度为：6+4+5=15

adik 的路径长度为：3+(6+2)+5=16

adfhjk 的路径长度为：3+4+(3−1)+5+1=15

adik 路径最长为16，所以项目历时总时长为16周。

参考答案　37.(C)　38.(C)

39. 某公司中标一个企业信息化系统开发项目，合同中该项目包括：人事系统、OA系统和生产系统。下图为项目经理制作的WBS，此处项目经理违反了关于WBS的(　　)原则。

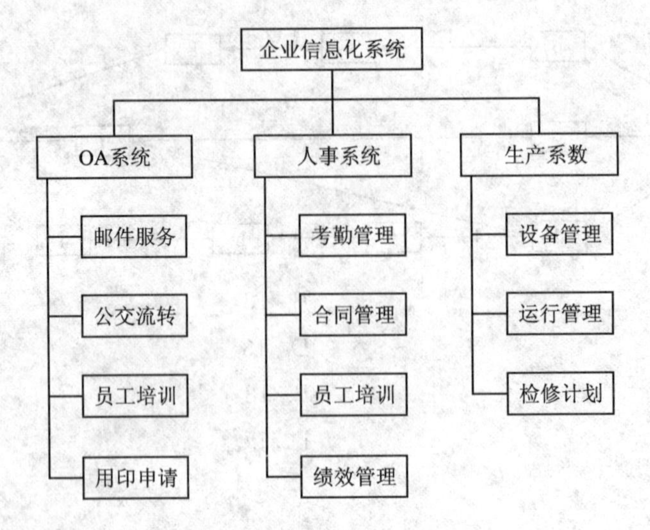

A. WBS需要考虑将不同的人员的工作分开

B. WBS中各项工作是为提供可交付成果服务的

C. 可以按照系统子系统来逐层分解 WBS

D. 一个工作单元只能从属于某个上层单元

【小虎新视角】

"员工培训"既属于 OA 系统,又属于人事系统。

项目经理违反了 WBS 的"一个工作单元只能从属于某个上层单元"的基本原则。

参考答案 39.(D)

40.(　　)不属于范围变更控制的工作。

A. 确定影响导致范围变更的因素,并尽量使这些因素向有利的方面发展

B. 判断范围变更是否已经发生

C. 管理范围变更,确保所有被请求变更按照项目整体变更控制过程处理

D. 确保范围正式被接受的标准和要素

【小虎新视角】

项目范围管理包括过程有:

(1) 规范范围管理;

(2) 收集需求;

(3) 定义范围;

(4) 创建 WBS;

(5) 确认范围;

(6) 控制范围。

"确保范围正式被接受的标准和要素"是"确认范围的工作",不是"控制范围的

工作”。

参考答案 40.(D)

41. 沟通的基本模型用于显示信息如何在双方之间被发送和被接收,日常与人交往过程中发生的误解,通常在(　　)环节发生。

A. 编码　　B. 解码

C. 媒介　　D. 信息

【小虎新视角】

媒介,是指传递信息的方法。常言道:一千个读者,就有一千个哈姆雷特。说的就是每个人对同样的信息,解读不一样。

此题说的就是解码环节,把信息还原的过程,会有差异。

参考答案 41.(B)

42. 你正在组织项目沟通协调会,参加会议的人数为12人,沟通渠道有(　　)条。

A. 66　　B. 72

C. 96　　D. 132

【小虎新视角】

2个人,有1条沟通渠道,计算方法:C_2^2;

3个人,有3条沟通渠道,计算方法:C_3^2;

以此类推:

12个人,沟通渠道的计算方法:$C_{12}^2=(12\times11)/(2\times1)=66$

参考答案 42.(A)

43. 在编制沟通计划时,干系人登记册是沟通计划编制的输入,(　　)不是干系人登记册的内容。

A. 主要沟通对象　　B. 关键影响人

C. 次要沟通对象　　D. 组织结构与干系人的责任关系

【小虎新视角】

有主要沟通对象,就有次要沟通对象。排除选项A与C。

关键影响人是干系人登记册的内容,容易理解。也可排除B。

“组织结构与干系人的责任关系”属于项目人力资源管理,“干系人登记册”属于项目沟通管理,分属不同的管理过程。所以,说“组织结构与干系人的责任关系”是干系人登记册的内容,不正确。他们泾渭分明,八竿子打不着,井水不犯河水，答案选 D。

参考答案 43.(D)

44.(　　)不属于项目干系人管理的输入。

A. 干系人管理计划　　B. 干系人沟通需求

C. 变更日志　　D. 问题日志

【小虎新视角】

看到题目说的，“项目干系人管理的输入”，就要很自然地想到“输出”。

分清输入与输出，是解决问题的一把钥匙。

项目关系人管理，目的当然是找到问题，“问题日志”是项目干系人管理的输出。

参考答案 44.(D)

45. 风险可以从不同角度、根据不同的标准来进行分类。百年不遇的暴雨属于(　　)。

A. 不可预测风险　　B. 可预测风险

C. 已知风险　　D. 技术风险

【小虎新视角】

百年不遇的暴雨，百年不遇的自然灾害，当然是“不可预测风险”，否则与“一百年都难得遇见一回”自相矛盾哟！

参考答案 45.(A)

46. 在风险识别时，可以用到多种工具和技术。其中(　　)指的是从项目的优势、劣势、机会和威胁出发，对项目进行考察，从而更全面地考虑风险。

A. 头脑风暴法　　B. 因果图

C. SWOT 分析法　　D. 专家判断法

【小虎新视角】

SWOT 分析法必须知道啊！

S 是 **Strengths**(优势)的首字母缩写，W 是 **Weaknesses**(劣势)的首字母缩写，O 是 **Opportunities**(机会)的首字母缩写，T 是 **Threats**(威胁)的首字母缩写。

就是从对项目的优势、劣势、机会和威胁出发，全面考虑问题。

参考答案 46.(C)

47. 某项目有 40%的概率获利 10 万元，30%的概率会亏损 8 万元，30%的概率既不获利也不亏损。该项目的预期货币价值分析(EMV)是(　　)。

A. 0元　　B. 1.6万元

C. 2万元　　D. 6.4万元

【小虎新视角】

根据题意：

EMV＝10×40％＋－8×30％＋0×30％＝1.6(万元)

参考答案　47.(B)

48. 一般来说，团队发展会经历5个阶段。“团队成员之间相互依靠、平稳高效地解决问题、团队成员的集体荣誉感非常强”是(　　)的主要特征。

A. 形成阶段　　B. 震荡阶段

C. 规范阶段　　D. 发挥阶段

【小虎新视角】

“平稳高效地解决问题”，严扣题意，顺理成章，是发挥阶段啦！

参考答案　48.(D)

49. (　　)是通过考察人们的努力行为与其所获得的最终奖酬之间的因果关系来说明激励过程，并以选择合适的行为达到最终的奖酬目标的理论。

A. 马斯洛需求层次理论　　B. 赫茨伯格双因素理论

C. X理论与Y理论　　D. 期望理论

【小虎新视角】

题干没有呈现马斯洛的需求层次理论，譬如：生理需求、安全需求、社交需求、受尊重的需求、自我实现的需求，压根就没有提到需求这两个字。排除A。

赫茨伯格双因素理论，题目中没有提到两个因素，即保健因素和激励因素，连因素的影子都没有看到。排除B。

X理论和Y理论，也是没有看到这两种理论的描述，排除C。

答案选择D。

参考答案　49.(D)

50. 项目经理的权力有多种来源，其中(　　)是由于他人对你的认可和敬佩从而愿意模仿和服从你，以及希望自己成为你那样的人而产生的，这是一种人格魅力。

A. 职位权力　　B. 奖励权力

C. 专家权力　　D. 参照权力

【小虎新视角】

方法一：

顾名思义，职位权力，就是在组织中的职位和职权；奖励权力，就是奖励下属的权力；专家权力，就是专业技能权威性带来的的权力。题干专门说到，“愿意模仿和服从你”，这些关键字眼，表明了就是参照权力。

方法二：

咬文嚼字法，题干专门提到“愿意模仿和服从你”，这些信息表明了就是参照权力、参照你、模仿你、服从你。

参考答案 50.(D)

51～52. 在组织级项目管理中，要求项目组合、项目集、项目三者都要与(　　)保持一致。其中，(　　)通过设定优先级并提供必要的资源的方式进行项目选择，保证组织内所有项目都经过风险和收益分析。

(51) A. 组织管理　　B. 组织战略

C. 组织文化　　D. 组织投资

(52) A. 项目组合　　B. 项目集

C. 项目　　D. 大项目

【小虎新视角】

(51)题：

教程专门有一章讲战略管理，企业经营行为都要为组织战略服务，据此很容易理解，项目组合、项目集、项目三者都要与组织战略保持一致。

(52)题：

设定优先级，项目选择，当然指的是：项目组合管理啦！

参考答案 51.(B)　52.(A)

53. 项目经理张工管理着公司的多个项目，在平时工作中，需要不时地与上层领导或其他职能部门进行沟通。通过学习项目管理知识，张工建议公司成立一个(　　)进行集中管理。

A. 组织级质量管理部门　　B. 变更控制委员会

C. 大项目事业部　　D. 项目管理办公室

【小虎新视角】

题干说了两个关键信息：

(1) 管理着公司的多个项目；

(2) 需要不时地与上层领导或其他职能部门进行沟通。

学过项目管理知识的当然知道，建议公司成立一个项目管理办公室进行集中管理，就是我们常说的PMO(Project Management Office)。

参考答案 53.(D)

54. 在采购规划过程中，需要考虑组织过程资产等一系列因素，以下(　　)不属于采购规划时需要考虑的。

A. 项目管理计划　　　　B. 风险登记册

C. 采购工作说明书　　　D. 干系人登记册

【小虎新视角】

如果明白了"采购规划时需要考虑"，通俗的说法就是采购规划的输入，就很容易选择了。

采购工作说明书应该是采购规划的输出。答案选择C。

参考答案 54.(C)

55. 项目外包是承接项目可能采取的方式，但只有(　　)是允许的。

A. 部分外包　　　　B. 整体外包

C. 主体外包　　　　D. 层层转包

【小虎新视角】

通过排除法，根据工作、生活常识，很容易判断，整体外包、主体外包和层层外包都不可以，所以只有选A。

参考答案 55.(A)

56. 战略管理包含3个层次，(　　)不属于战略管理的层次。

A. 目标层　　　　B. 规划层

C. 方针层　　　　D. 行为层

【小虎新视角】

战略管理，得有战略目标，关键得有战略实施，以及战略执行，就是我们常说的战略要落地。它可以指导行为层，是战略执行层面。

如果有了目标层和行为层，当然这两层中间得有一层，也就是方针层，组织要坚持原则和方针，来对组织战略行动作具体的指导。

所以规划层不合适，选B。

参考答案 56.(B)

57. 业务流程重构(BPR)注重结果的同时,更注重流程的实现,所以 BPR 需要遵循一定的原则,(　　)不属于 BPR 遵循的原则。

A. 以流程为中心的原则　　　　B. 团队管理原则

C. 以客户为导向的原则　　　　D. 风险最小化原则

【小虎新视角】

业务流程重构是针对企业业务流程的基本问题进行反思,并对它进行彻底的重新设计。

重构,就是重新思考,业务流程重新构造,当然风险大啦!故风险最小化原则不能作为 BPR 所遵循的原则。

参考答案 57.(D)

58～60. 某系统集成项目包含了三个软件模块,现在估算项目成本时,项目经理考虑到其中的模块 A 技术成熟,已在以前类似项目中多次使用并成功交付,所以项目经理忽略了 A 的开发成本,只给 A 预留了 5 万元,以防意外发生。然后估算了 B 的成本为 50 万元,C 的成本为 30 万元,应急储备为 10 万元,三者集成成本为 5 万元,并预留了 10 万元管理储备。如果你是项目组成员,该项目的成本基准是(　　)万元,项目预算是(　　)万元,项目开始执行后,当项目的进度绩效指数 SPI 为 0.6 时,项目实际花费 70 万元,超出预算 10 万元,如果不加以纠偏,请根据当前项目进展,估算该项目的完工估算值(EAC)为(　　)万元。

(58) A. 90　　　　B. 95

C. 100　　　　D. 110

(59) A. 90　　　　B. 95

C. 100　　　　D. 110

(60) A. 64　　　　B. 134

C. 194.4　　　　D. 124.4

【小虎新视角】

<table>
<tr><th>模块</th><th>成本/万元</th><th>三者集成成本/万元</th><th>应急储备/万元</th><th>管理储备/万元</th></tr>
<tr><td>A</td><td>5</td><td rowspan="3">5</td><td>0</td><td rowspan="3">10</td></tr>
<tr><td>B</td><td>50</td><td>0</td></tr>
<tr><td>C</td><td>30</td><td>10</td></tr>
</table>

计算公式如下:

(58)题:

成本基准是成本估算＋应急储备,预算是成本基准＋管理储备项目的成本基准=成本估算+应急储备=模块A开发成本+模块B开发成本+模块C开发成本+三者集成成本+应急储备=(5+50+30)+5+(0+0+10)=100(万元)

(59)题：

项目预算=成本基准+管理储备=100+10=110(万元)

SPI=EV/PV

(60)题：

项目实际花费70万元，超出预算10万元，可知：

AC=70万元

PV=70−10=60(万元)

EV=PV×SPI=60×0.6=36(万元)

CPI=EV/AC=36/70=0.514

BAC(Budget at Completion 完工预算)，即全部工作的预算，所以，BAC=110万元。

如何计算EAC？根据如下公式：

EAC=AC+(BAC−EV)/CPI

参考答案 58.(C) 59.(D) 60.(C)

61～62.某项目进行到系统集成阶段，由于政策发生变化，需要将原互联网用户扩展到手机移动用户，于是项目经理提出了变更请求，CCB审批通过后，项目经理安排相关人员进行了系统修改，项目虽然延期了2个月，还是顺利进行了系统集成，准备试运行，这时其中一个投资商提出，项目的延期影响后期产品上线，要求赔偿。为了避免以上事件，正确的做法是：(　　)。在以上事件处理过程中，对于项目组开发人员最需要关注的是(　　)。

(61) A. 提出变更申请阶段，应该由甲方提出变更申请

B. CCB审批阶段，CCB应该评估延期的风险

C. CCB审批通过后，应该将审批结果通知相关所有干系人

D. 变更执行阶段，项目经理执行变更时应该采取进度压缩策略

(62) A. 提交变更申请　　B. 只想变更评估

C. 变更验证与确认　　D. 变更关联的配置项

【小虎新视角】

(61)题：

题干说了几点信息：

(1) 项目的延期影响后期产品上线；

(2) 为了避免以上事件。

所以正确的做法就是如何规避风险，项目经理提交了变更请求，CCB审批阶段，CCB应该评估项目延期可能带来的问题和风险哟！

(62)题：

题干已经说了“项目经理提出了变更请求”，再由项目开发人员提交变更申请，多此一举。况且变更申请，应该由项目经理提交，排除A。

变更评估是CCB的工作职责，不是项目组开发人员的工作职责，排除B。

变更关联的配置项是项目组软件配置员工作职责，排除D。

项目组开发人员最需要关注的是变更验证和确认变更。

参考答案 61.(B) 62.(C)

63. 过程改进计划详细说明了对项目管理过程和产品开发过程进行分析的各个步骤，有助于识别增值活动。在项目管理知识领域，过程改进计划产生于(　　)阶段。

A. 质量规划　　B. 实施质量保证

C. 控制质量　　D. 质量改进

【小虎新视角】

“过程改进计划”的落脚点是“计划”，“规划”与“计划”一个意思范畴，当然应该属于“质量规划”阶段。

参考答案 63.(A)

64. 质量成本包括预防不符合要求，为评价产品或服务是否符合要求，以及因未达到要求而发生的所有成本。对于质量保证人员而言，其职业生涯过程中往往处于因不产生效益而尴尬的境地，从质量成本角度来看，其原因是因为质量保证工作发生的成本属于(　　)。

A. 预防成本　　B. 外部失败成本

C. 内部失败成本　　D. 评价成本

【小虎新视角】

根据题意：“质量成本包括预防不符合要求，为评价产品或服务是符合要求，以及因未达到要求而发生的所有成本。”

根据题意，初步判断，分为3种质量成本，具体是：

预防不符合要求发生的成本，属于预防成本。

为评价产品或服务是符合要求而发生的成本，属于评价成本。

因未达到要求而发生的所有成本，属于失败成本(分为：外部失败成本和内部失败成本)。

据此，"质量保证工作发生的成本，属于为评价产品或服务是符合要求而发生的成本"，所以属于评价成本。

知识点：

质量成本包括预防不符合要求，为评价产品或服务是符合要求，以及因未达到要求而发生的所有成本；其中预防不符合要求发生的成本叫预防成本；为评价产品或服务是符合要求叫评价成本；因未达到要求而发生的所有成本叫失败成本（又分为外部失败成本和内部失败成本）。

参考答案 64.（D）

65. 下图质量控制常用到的SIPOC模型，数字1、2部分代表的模型内容为（　　）。

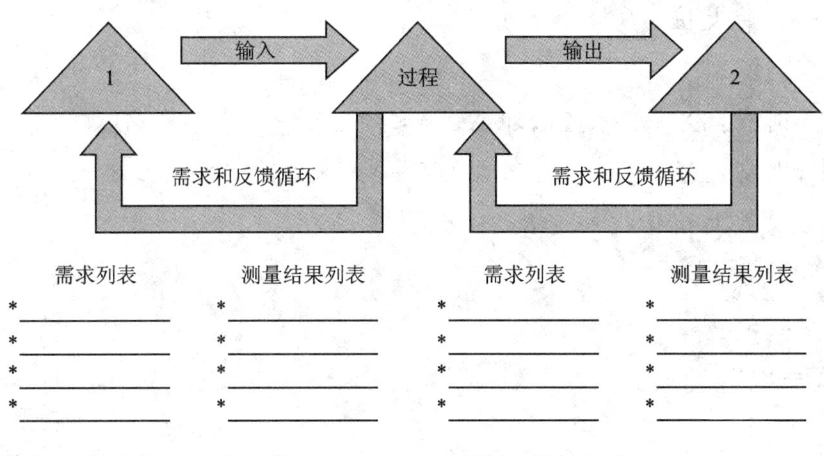

A. 建议方　承建方　　B. 供应商　客户

C. 买方　卖方　　D. 生产者　消费者

【小虎新视角】

看到选项中的客户，再结合题干中的信息"**SIPOC**"，第一感觉**C**是Customer客户的缩写。

再看看图，再看看这个"SIPOC"，其他每个字母代表的含义：Supplier是供应者，Input是输入，Process是过程，Output是输出，也与图中所示完全吻合，所以数字1、2代表模型中的供应商与客户。

参考答案 65.（B）

66～67. 某企业生产甲、乙两种产品，这两种产品都需要A、B两种原材料。生产每一个甲产品需要3万个A和6万个B，销售收入为2万元；生产每一个乙产品需要5万个A和2万个B，销售收入为1万元。该企业每天可用的A数量为15万个，可用的B数量为24万个。为了获得最大的销售收入，该企业每天生产的甲产品的数量应为（　　）万个，此时该企业每天的销售收入为(　　)万元。

(66) A. 2.75　　B. 3.75
C. 4.25　　D. 5

(67) A. 5.8　　B. 6.25
C. 8.25　　D. 1

【小虎新视角】

假设该企业每天生产甲产品 X 个，生产乙产品 Y 个，可获得最大的销售收入，则有如下算式：

$3X+5Y\leqslant 15$　　①

$6X+2Y\leqslant 24$　　②

求 $2X+Y$ 最大值

$3X+Y\leqslant 12$　　③

①+③，则有：$6X+6Y\leqslant 27$，即 $X+Y\leqslant 4.5$　　④

③+④，则有：$4X+2Y\leqslant 16.5$，即 $2X+Y\leqslant 8.25$　　⑤

所以，企业最大销售收入是 8.25 万元。

④、⑤取等号，有：

$X+Y=4.5$

$2X+Y=8.25$

$X=3.75$(个)

参考答案　66.(B)　67.(C)

68. 产量(X 台)与单位产品成本(Y 元/台)之间的回归方程为 $Y=365-2X$，这说明(　　)。

A. 产品产量每增加 1 台，单位产品成本减少 2 元

B. 产品产量每增加 1 台，单位产品成本增加 2 元

C. 产品产量每增加 1 台，单位产品成本减少 365 元

D. 产品产量每增加 1 台，单位产品成为增加 365 元

【小虎新视角】

方程式为：$Y=365-2X$

X 是产量台数，Y 是每生产一台的成本，据此方程式：可知产品产量每增加 1 台，单位产品成本减少 2 元。选 A。

其实，我们实际生产生活中，规模生产等于降低成本，即生产得越多，成本降低得越多，也知可以选择 A。

参考答案 68.(A)

69. 假设某项目风险列表中,风险分为一、二、三级,占10%、30%、60%,项目经理小李随机抽查一个风险等级情况,结果不是一级风险,则本次抽查到三级风险的概率是(　　)。

A. 2/3　　B. 1/3

C. 3/5　　D. 2/5

【小虎新视角】

题目中说,"风险分为一、二、三级,占10%、30%、60%"。

根据题意:项目经理小李随机抽查一个风险等级情况,结果不是一级风险,则本次抽查到三级风险的概率为:

60%/(30%+60%)=2/3

参考答案 69.(A)

70. 同时抛掷3枚均匀的硬币,恰好有两枚正面向上的概率为(　　)。

A. 1/4　　B. 3/8

C. 1/2　　D. 1/3

【小虎新视角】

同时抛掷3枚均匀的硬币,每种硬笔2种情况(正面与反面),总共2×2×2=8种情况。

不容思考,3枚都为正面有1种情况。

同理不容思考,3枚都为反面有1种情况。

那么还有6种情况恰好两枚正面向上或者恰好两枚反面朝上,概率相同,所以,恰好两枚正面向上有3种情况,所以,恰好有两枚正面向上的概率为3/8。

参考答案 70.(A)

2016年信息系统项目管理师考试

试题与讲解

2016年上半年信息系统项目管理师考试上午试题讲解

1. 作为两化融合的升级版,(   )将互联网与工业、商业、金融业等行业全面融合。

A. 互联网+　　　　B. 工业信息化

C. 大数据　　　　D. 物联网

【小虎新视角】

原来的两化融合是互联网+工业,现在是加上工业、商业、金融业等行业,所以选互联网+。

题干有两个关键信息:"升级版""互联网"。

选项只有A有"互联网"这几个字。

"+"跟"升级版",是一个意思,譬如面向对象语言C++就是程序设计语言C的升级版哟!

参考答案 1. (A)

2~3. 典型的信息系统项目开发的过程中,(   )阶段拟定了系统的目标、范围和要求,而系统各模块的算法一般在(   )阶段制定。

(2) A. 概要设计　　　　B. 需求分析

C. 详细设计　　　　D. 程序设计

(3) A. 概要设计　　　　B. 需求分析

C. 详细设计　　　　D. 架构设计

【小虎新视角】

(2)题:

题干问"系统的目标、范围和要求"是什么阶段?

系统的目标,就是客户要做什么,系统包含哪些功能。"功能"与"需求"两个概念是紧紧联系在一起的。

系统范围,就是系统边界,分析哪些功能做,哪些功能不做。

故选B"需求分析"。

(3)题:

算法,是在设计阶段完成,不存在争议。可以排除A与B。

题干又说了“系统各模块的算法”，透露出一个关键信息“各模块”，详细设计是对系统各个模块来做设计，设计内容包括各个模块的算法哟！

参考答案 2.（B） 3.（C）

4. 随着电子商务的业务规模不断增加，物流成为制约电子商务的一个瓶颈，而（ ）不能解决电子商务物流的瓶颈问题。

A. 构建新的电子商务平台

B. 优化物流企业的业务流程

C. 应用先进的物流管理技术

D. 建立高效的物流信息管理系统

【小虎新视角】

比较4个选项：

选项A，“新的平台”；

选项B，“优化流程”；

选项C，“先进技术”；

选项D，“高效系统”。

如何解决“随着电子商务的业务规模不断增加，物流成为制约电子商务的一个瓶颈”问题，选项A“构建新的电子商务平台”，没有针对问题，就事论事，有点过于空洞，4个选项选A更合适。

参考答案 4.（A）

5. 项目经理的下述行为中，（ ）违背了项目管理的职业道德。

A. 由于经验不足，导致项目计划产生偏差造成项目延期

B. 在与客户交往的过程中，享用了客户公司的工作餐

C. 采用强权式管理，导致项目组成员产生不满情绪并有人员离职

D. 劝说客户从自己参股的公司采购项目所需的部分设备

【小虎新视角】

选项D，包含以下3点信息：

（1）劝说客户；

（2）从自己参股的公司；

（3）采购项目所需的部分设备。

明显违背了项目管理的职业道德，因为项目经理跟客户要采购设备的公司有切身利益关系，有谋取私利之行为。

参考答案 5.(D)

6.(　　)不是软件需求分析的目的。

A. 检测和解决需求之间的冲突

B. 发现软件的边界,以及软件与其环境如何交互

C. 详细描述系统需求

D. 导出软件需求

【小虎新视角】

题目的问题是"哪个选项不是软件需求分析的目的"。

选项D"导出软件需求"是一个纯电脑软件操作的活,用不着"需求分析"。

参考答案 6.(D)

7.(　　)不是软件质量保证的主要职能。

A. 检查开发和管理活动是否与已定的过程策略、标准一致

B. 检查工作产品是否遵循模板规定的内容和格式

C. 检查开发和管理活动是否与已定的流程一致

D. 检查关键交付物的质量

【小虎新视角】

检查交付物的质量,是质量控制阶段的主要职能之一。

软件质量保证的主要职能有:

(1) 检查开发和管理活动是否与已定的过程策略、标准一致;

(2) 检查工作产品是否遵循模板规定的内容和格式;

(3) 检查开发和管理活动是否与已定的流程一致。

参考答案 7.(D)

8. 以下关于项目管理计划编制的理解中,正确的是(　　)。

A. 项目经理应组织并主要参与项目管理计划的编制,但不应独立编制

B. 项目管理计划的编制不能采用迭代的方法

C. 让项目干系人参与项目计划的编制,增加了沟通成本,应尽量避免

D. 项目管理计划不能是概括的,应该是详细、具体的

【小虎新视角】

项目是复杂的,毕竟对项目了解不够深入与细致,编制的项目管理计划只能是概括的,伴随着项目逐步开展,才会逐步细化哟!

参考答案 8. (A)

9. 软件开发过程中的技术评审的目的是( )。

A. 评价软件产品，以确定其对使用意图的适合性，表明产品是否满足要求

B. 监控项目进展的状态，评价管理方法的有效性

C. 从第三方的角度给出开发过程对于规则、标准、指南的遵从程度

D. 评价软件开发使用的技术是否适用于该项目

【小虎新视角】

题干说的是技术评审的目的，关键词“技术评审”；

选项B，不能监控项目进展的状态，排除该选项；

选项C，重点说的是开发过程，不对路，排除掉该选项；

选项D，都已经处在软件开发过程中了，不可能还在评价“开发使用的技术是否适用于该项目”，排除掉该选项。

参考答案 9. (A)

10. 以下关于软件测试的叙述中，不正确的是( )。

A. 在集成测试中，软件开发人员应该避免测试自己开发的程序

B. 软件测试工作应该在需求阶段就开始进行

C. 如果软件测试完成后没有发现任何问题，那么应首先检查测试过程是否存在问题

D. 如果项目时间比较充裕，测试的时间可以长一些；如果项目时间紧张，测试时间可以短一些

【小虎新视角】

软件测试时间，不是由项目时间长短决定的，而是由软件质量要求决定的。

参考答案 10. (D)

11. 某软件系统交付后，开发人员发现系统的性能可以进一步优化和提升，由此产生的软件维护属于( )。

A. 更正性维护
B. 适应性维护
C. 完善性维护
D. 预防性维护

【小虎新视角】

“完善”的意思，与“进一步优化与提升”相吻合。

参考答案 11. (C)

12. 绘制数据流图是软件设计过程的一部分，用以表明信息在系统中的流向，数据流图的

基本组成部分包括(　　)。

A. 数据流、加工、数据存储和外部实体

B. 数据流的源点和终点、数据存储、数据文件和外部实体

C. 数据的源点和终点、加工、数据和数据流文件

D. 数据、加工和数据存储

【小虎新视角】

数据流图,当然得有"数据流"。

参考答案 12. (A)

13. 根据GB/T 16260.2—2006《软件工程 产品质量 第2部分:外部度量》,评估软件的帮助系统和文档的有效性是对软件进行(　　)。

A. 易理解性度量　　B. 易操作性度量

C. 吸引性度量　　D. 易学性度量

【小虎新视角】

软件的帮助系统和文档,就是要教人家怎么学习使用软件!当然是"易学性",让软件容易学习。

参考答案 13. (D)

14. 根据GB/T 14394—2008《计算机软件可靠性和可维护性管理》,以下关于在软件生存周期各个过程中的可靠性和可维护性管理要求的叙述中,不正确的是(　　)。

A. 在概念活动中提出软件可靠性和可维护性分解目标、需求和经费

B. 在需求活动中制定各实时阶段的基本准则,确定各实施阶段的验证方法

C. 在设计活动中明确对编码、测试阶段的具体要求,评价或审查代码以验证相应要求的实现

D. 在测试活动中建立适当的软件可靠性测试环境,组织分析测试和测量的数据,进行风险分析

【小虎新视角】

既然是在设计活动中,怎么能"审查代码以验证相应要求的实现"?都还没有编码,何来代码?

参考答案 14. (C)

15. 根据GB/T 22239—2008《信息安全技术 信息系统安全等级保护基本要求》的相关规定,"机房出入应安排专人负责控制鉴别和记录进入的人员"应属于(　　)安全的技术要求。

A. 物理　　B. 设备

C. 存储　　D. 网络

【小虎新视角】

“鉴别和记录进入的人员”，讲的不是设备/存储/网络，而是人员安全管理，属于物理安全的技术要求。

参考答案　15.（A）

16. 在信息系统安全保护中，信息安全策略控制用户对文件、数据库表等客体的访问属于（　　）安全管理。

A. 安全审计　　B. 入侵检测

C. 访问控制　　D. 人员行为

【小虎新视角】

“信息安全策略控制用户对文件、数据库表等客体的访问”，从题干中找关键信息“控制”“访问”。

参考答案　16.（C）

17. IDS发现网络接口收到来自特定IP地址的大量无效的非正常生成的数据包，使服务器过于繁忙以至于不能应答请求，IDS会将本次攻击方式定义为（　　）。

A. 拒绝服务攻击　　B. 地址欺骗攻击

C. 会话劫持　　D. 信号包探测程序攻击

【小虎新视角】

“使服务器过于繁忙以至于不能应答请求”，字面意思是“拒绝服务攻击”。

“特定IP地址”并不是说IP地址就是假地址，说“地址欺骗”不成立。

参考答案　17.（A）

18. 通过收集和分析计算机系统或网络的关键节点信息，以发现网络或系统中是否有违反安全策略的行为和被攻击的迹象的技术被称为（　　）。

A. 系统检测　　B. 系统分析

C. 系统审计　　D. 入侵检测

【小虎新视角】

题目问的就是信息安全技术，只有选项D“入侵检测”符合要求。

参考答案　18.（D）

19. 某楼层共有60个信息点，其中信息点的最远距离为65米，最近距离为35米，则该布线工程大约需要(　　)米的线缆。(布线到线缆的计划长度为实际使用量的1.1倍。)

A. 4290　　B. 2310

C. 3300　　D. 6600

【小虎新视角】

60×(65+35)/2×1.1=60×100/2×1.1=3000×1.1=3300

参考答案 19. (C)

20. TCP/IP参考模型分为四层:(　　)、网络层、传输层、应用层。

A. 物理层　　B. 流量控制层

C. 会话层　　D. 网络接口层

【小虎新视角】

题干讲的是"**TCP/IP**参考模型",再讲物理层,有点不合时宜了,排除选项A。

从"网络层、传输层、应用层"可知,这个模型的划分是底层到应用层的。

选会话层也不合适,因为OSI的7层模型,会话层是在传输层之后的,所以排除选项C。

"流量控制"是网络运营、网络使用的概念。

"网络接口层"与后面的"网络层"更吻合。

参考答案 20. (D)

21. IEEE 802.11属于(　　)。

A. 网络安全标准　　B. 令牌环局域网标准

C. 宽带局域网标准　　D. 无线局域网标准

【小虎新视角】

无线路由器、无线上网、WIFI,是最近几年流行的概念,此题答案当然选"无线局域网标准"了,与时俱进呗!

网络安全标准、令牌环局域网标准、宽带局域网标准,都是10多年前的概念了,还值得在专业的计算机水平考试中作为考点吗?也太Out啦!

参考答案 21. (D)

22. 在TCP/IP协议中,(　　)协议运行在网络层。

A. DNS　　B. UDP

C. TCP　　D. IP

【小虎新视角】

网络英文单词 Internet，I 不是就是网络 Internet 的首字母吗？答案当然选“IP”协议运行在网络层了，微信息法。

参考答案 22.（D）

23. 以下关于以太网的叙述中，不正确的是（　　）。

A. 采用了载波侦听技术　　B. 具有冲突检测功能

C. 支持半双工和全双工模式　　D. 以太网的帧长度固定

【小虎新视角】

以太网，这么好，说了几十年了，一定有其技术灵活性。

如何体现灵活性？第一条，帧长度不能固定啊！我的兄弟。

参考答案 23.（D）

24. 移动计算的特点不包括（　　）。

A. 移动性　　B. 网络通信的非对称性

C. 频繁断接性　　D. 高可靠性

【小虎新视角】

移动计算，代表先进的生产力、最新的科技，那最好的科技，怎么能说它“频繁断接性”？频繁断开连接，还怎么移动上网，怎么体现最新科技成果呢？

参考答案 24.（C）

25. 对象模型技术 OMT 把需求分析时收集的信息构造在三层模型中，即对象模型、动态模型和（　　）。下图显示了这三个模型的建立次序。

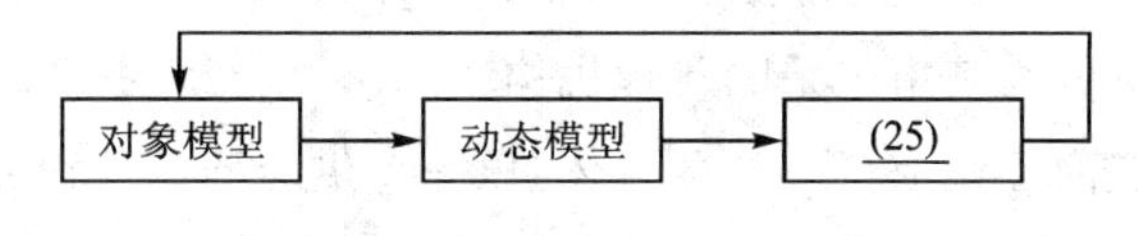

A. 信息模型　　B. 功能模型

C. 关系模型　　D. 静态模型

【小虎新视角】

题干专门讲到“把需求分析时收集的信息构造在三层模型中”，提到一个关键信息“需求”，需求在软件设计里，对应的就是功能啰，选择功能模型。

参考答案 25.（B）

26. 使用 UML 对系统进行分析设计时，需求描述中的“包含”“组成”“分为……部分”等词常常意味着存在(　　)关系,下图表示了这种关系。

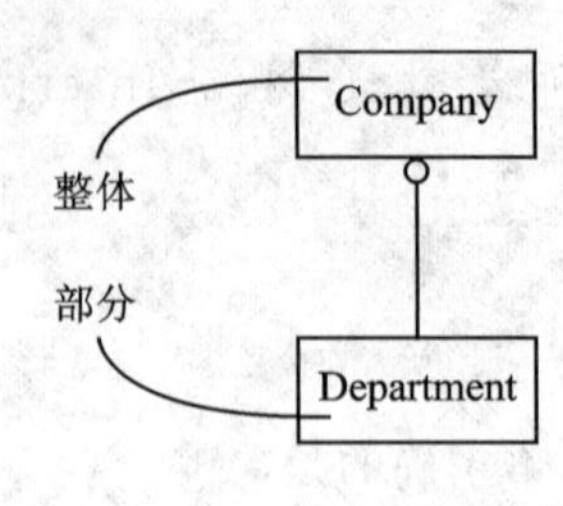

A. 关联　　　　B. 聚集

C. 泛化　　　　D. 继承

【小虎新视角】

Company 是公司,Department 是部门,部门属于公司的一个部分。

整体与部分的关系,属于聚集关系。

参考答案　26. (B)

27. 在用 UML 对信息系统建模过程中,(　　)用来描述用户需求,主要从用户的角度描述系统的功能。

A. 用例图　　　　B. 类图

C. 对象图　　　　D. 部署图

【小虎新视角】

从题干中找关键信息,即"用户需求""系统功能",需求跟用例不分家,选用例图。

参考答案　27. (A)

28. 根据《中华人民共和国政府采购法》,在以下与政府采购相关的行为描述中,不正确的是(　　)。

A. 采购人员陈某与供应商是亲戚,故供应商乙要求陈某回避

B. 采购人的上级单位为其指定采购代理机构

C. 供应商甲与供应商乙组成了一个联合体,以一个供应商的身份共同参加政府采购

D. 采购人要求参加政府采购的各供应商提供有关资质证明和业绩情况

【小虎新视角】

选项 B"采购人的上级单位为其指定采购代理机构",采购人的上级单位,会不会假公济私? 至少也应该避嫌,怎么还指定采购代理机构呢?

参考答案　28. (B)

29. 根据《中华人民共和国招投标法》及《中华人民共和国招投标法实施细则》,国有资金占控股或者主导地位的依法必须进行招标的项目,当(　　)时,可以不进行招标。

A. 项目涉及企业信息安全及保密

B. 需要采用不可替代的专利或者专有技术

C. 招标代理依法能够自行建设、生成或者提供

D. 为了便于管理,必须向原分包商采购工程、货物或者服务

【小虎新视角】

B项的意思是,市场上独此一家。

所以,当"需要采用不可替代的专利或者专有技术"时,可以不进行招标。

参考答案 29.(B)

30. 根据《中华人民共和国招标投标法》的规定,以下叙述中,不正确的是(　　)。

A. 国务院发展计划部门确定的国家重点项目和省、自治区、直辖市人民政府确定的地方重点项目不适宜公开招标的,经国务院发展计划部门或者省、自治区、直辖市人民政府批准,可以进行邀请招标

B. 招标人有权自行选择招标代理机构,委托其办理招标事宜,任何单位和个人不得以任何方式为招标人指定招标代理机构

C. 招标项目按照国家有关规定需要履行项目审批手续的,可在招标前审批,也可以在招标后履行审批手续

D. 招标人需要在招标文件中如实载明招标项目有规定资金或者资金来源已经落实

【小虎新视角】

哪能在招标后履行审批手续?

如果招标项目都不能通过审批手续,还招么子标啊?

参考答案 30.(C)

31. 以下关于信息系统项目风险的叙述中,不正确的是(　　)。

A. 信息系统项目风险是一种不确定性或条件,一旦发生,会对项目目标产生积极或消极的影响

B. 信息系统项目风险既包括对项目目标的威胁,也包括对项目目标的机会

C. 具有不确定性的事件是信息系统项目风险定义的充分条件

D. 信息系统项目的已知风险是那些已经经过识别和分析的风险,其后果也可以预见

【小虎新视角】

充分条件是什么意思?

A是B的充分条件,是说如果有A,那么则有B。

也就是说信息系统项目风险定义,按选项C的意思,事件应该具有不确定性。

实际情况是,事件不一定非要具有不确定性哟!

不管风险是不是具有不确定性，都要对信息系统的风险进行定义。

所以，选项C不正确。

参考答案 31.（C）

32. 项目风险识别是指找出影响项目目标顺利实现的主要风险因素，并识别出这些风险有哪些基本特征，可能会影响到项目的哪些方面等问题。以下关于项目风险识别的叙述中，正确的是（　　）。

A. 主要由项目经理负责项目风险识别活动

B. 风险识别是一种系统活动，而不是一次性行为

C. 主要识别项目的内在风险

D. 风险识别包括外在因素对项目本身可能造成的影响评估

【小虎新视角】

选项A，错在"负责项目风险识别活动"，应该是"负责组织项目风险识别活动"；

选项C，主要识别项目的内在风险，应该还有项目的外在风险；

选项D：

（1）既有外在因素，也有内在因素；

（2）注意"影响评估"与"影响"，影响评估属于偏风险分析。

参考答案 32.（B）

33. 进度风险导致的损失不包括（　　）。

A. 货币的时间价值

B. 延期投入导致的损失

C. 预算不准导致的成本超支

D. 进度延误引起的第三方损失

【小虎新视角】

题目问的是"进度风险"，选项C讲的是成本管理的事情，说得很清楚，明明白白，"预算不准导致的成本超支"，当然不是进度风险导致的损失啦！

参考答案 33.（C）

34. 下图是一个选择出行路线的"决策树图"，统计路线1和路线2堵车和不堵车的用时和其发生的概率（P），计算出路线1和路线2的加权平均用时，按照计算结果选择出行路线，以下结论中，正确的是（　　）。

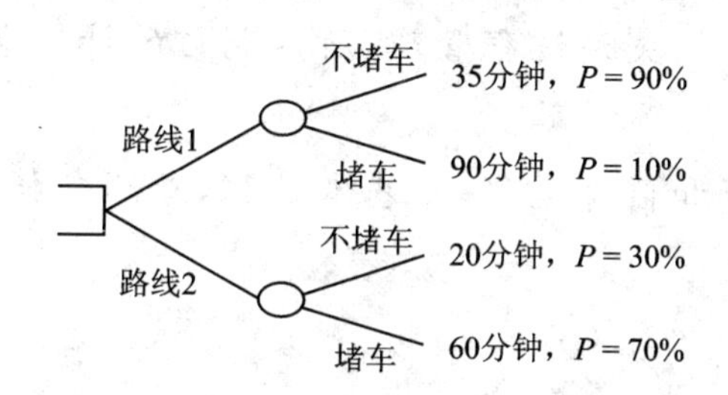

A. 路线1的加权平均用时为40.5分钟，路线2的加权平均用时为48分钟，因此选择路线1

B. 路线1的加权平均用时为62.5分钟，路线2的加权平均用时为40分钟，因此选择路线2

C. 路线1的加权平均用时为40.5分钟，路线2的加权平均用时为44分钟，因此选择路线1

D. 由于路线2堵车和不堵车时间都比路线1短，因此选择路线2

【小虎新视角】

选项A加权平均用时：35×0.9+90×0.1=31.5+9=40.5(分钟)

选项B加权平均用时：20×0.3+60×0.7=6+42=48(分钟)

所以，选A。

参考答案 34.(A)

35. 风险监控的输出不包括(　　)。

A. 建议的纠正措施　　B. 新发现的风险

C. 新的风险管理知识　　D. 批准的变更请求

【小虎新视角】

提出变更申请，而不是已经批准了的变更请求，变更请求是否批准由CCB(变更控制委员会)来决定。

参考答案 35.(D)

36～37. 大型复杂项目的管理有别于单项目管理，对于大型复杂项目的管理，首先制订的计划是(　　)，而该计划中一般不包括(　　)。

(36) A. 进度计划　　B. 成本计划

C. 质量计划　　D. 过程计划

(37) A. 执行过程　　B. 裁剪过程

C. 监督过程　　D. 制订过程

【小虎新视角】

(36)题：

大型复杂项目的管理，关注过程管理，所以制订的计划也是过程计划啰！

(37)题：

制订过程、执行过程和监督过程，是基本过程，必须包括，所以过程计划一般不包括裁剪过程。

参考答案 36.(D) 37.(B)

38. 任何组织的能力都是有限的，任何组织的资源也都是有限的，公司在选择项目优先级时经常用到 DIPP 分析法，以下关于 DIPP 的理解中，不正确的是(　　)。

A. DIPP 值越高的项目资源利用率越高

B. DIPP 值衡量了企业的资源利用效率

C. DIPP 值越低的项目资源利用率越高

D. DIPP 值是项目的期望货币值和完工所需成本之比

【小虎新视角】

选项 A、C 互相矛盾，必有一个正确；

DIPP 值是项目的期望货币值和完工尚需成本之比，可以简单理解为：DIPP = 收益/成本的比值，可知 DIPP 值越高的项目，资源利用率越高，所以选项 D 正确。

综前所述，所以选项 C 不正确，DIPP 值越低的项目资源利用率越高。

参考答案 38.(C)

39. 大型复杂项目一般具有周期较长、规模较大、目标构成复杂等特征，因此大型复杂项目的控制过程与普通项目的控制过程有较大的差别，(　　)不属于大型复杂项目控制过程的重要因素。

A. 项目绩效跟踪　　B. 外部变更请求

C. 变更控制　　D. 里程碑设置

【小虎新视角】

就是因为项目周期较长，所以设置里程碑，不是大型复杂项目控制过程的重要因素。

参考答案 39.(D)

40. IT 服务外包合同不可以(　　)。

A. 作为风险管理的工具　　B. 保证双方的期望透明化

C. 作为双方沟通的工具　　D. 当作供应商的工作文件

【小虎新视角】

双方的立场、利益、出发点不一样，外包公司有外包公司的想法，怎么能保证双方的期望透明化？

参考答案 40.（B）

41. 对项目的投资效果进行经济评价的方法主要有静态分析法和动态分析法，以下叙述中，不正确的是（ ）。

A. 静态分析法对若干方案进行粗略评价，或对短期投资项目做经济分析时，不考虑资金的时间价值

B. 动态分析法考虑资金的时间价值

C. 静态分析法包括投资收益率法、投资回收期法、追加投资回收期法

D. 动态分析法包括净现值法、内部收益率法、最小费用法

【小虎新视角】

最小费用法，属于静态分析法。

知识点：资金时间价值

资金时间价值也称货币时间价值，是指货币随着时间的推移而发生的增值，是资金周转使用后的增值额。

货币时间价值就是指当前所持有的一定量货币比未来获得的等量货币具有更高的价值。

参考答案 41.（D）

42. 审计是项目中一个非常重要的环节，对项目的计划、预算等进行审计属于项目的（ ）。

A. 事前绩效审计

B. 事中绩效审计

C. 执行审计

D. 事后绩效审计

【小虎新视角】

关键词"计划""预算"都是项目执行前要做的事情，当然是事前绩效审计。

参考答案 42.（A）

43. 成本管理分为成本估算、成本预算和成本控制三个过程，以下关于成本预算的叙述中，不正确的是（ ）。

A. 成本预算过程完成后，可能会引起项目管理计划的更新

B. 管理储备是为范围和成本的潜在变化而预留的预算，需要体现在项目成本基线中

C. 成本基准计划可以作为度量项目绩效的依据

D. 成本基准按时间分段计算，通常以S曲线的形式表示

【小虎新视角】

管理储备是为范围和成本可能的潜在变化而预留的预算。

管理储备不是项目成本基线的一部分，但是包含在项目的预算中。

管理储备是“未知的”，项目经理在使用之前必须得到批准。

参考答案 43. (B)

44. 项目进行到某阶段时，项目经理进行绩效分析，计算出 CPI 值为 1.09，这表示(　　)。

A. 每花费 109 元人民币，只创造相当于 100 元的价值

B. 每花费 100 元人民币，可创造相当于 109 元的价值

C. 项目进展到计划进度的 109%

D. 项目超额支出 9%的成本

【小虎新视角】

CPI 是成本绩效指数，CPI=EV/AC，EV 和 AC 的具体含义为：

AC(Actual Cost)，即到某一时间点已完成的工作所实际花费或者消耗的成本；

EV(Earned Value)，即实际完成工作的预算价值。

CPI 大于 1，说明成本节约；CPI 小于 1，说明成本超支。

CPI 为 1.09，说明花了小钱，干了大事，创造了更多的钱，选项 A 不正确；

CPI 讲的成本是节约还是超支，不是进展如何，选项 C 不正确；

CPI 为 1.09，不是成本超额，而是节约，选项 D 不对。

参考答案 44. (B)

45. 下表是项目甲、乙、丙三个项目的进度数据，则(　　)最有可能在成本的约束内完成。

项　目	PV	EV	AC
甲	15000	8000	5000
乙	15000	5000	8000
丙	15000	8000	9000

A. 项目甲　　B. 项目乙

C. 项目丙　　D. 项目甲和项目丙

【小虎新视角】

成本绩效指数 CPI 越大，说明成本控制越好，越有可能在成本的约束条件内

完成。

成本绩效指数的计算公式是CPI＝EV/AC

项目甲的成本绩效指数CPI＝8000/5000＝1.6，最高，所以项目甲最有可能在成本的约束内完成。

参考答案 45.(A)

46. 下列选项中，(　　)属于项目团队建设的方法。

① 拓展训练　② 培训　③ 项目绩效评估　④ 心理偏好指示器
⑤ 问题日志　⑥ 同地办公(集中)　⑦ 认可和奖励

A. ①②③⑦　B. ②③⑤⑥
C. ①④⑤⑦　D. ①②⑥⑦

【小虎新视角】

项目团队分为组建项目团队、建设项目团队和管理项目团队3个过程。

心理偏好指示器是组建项目团队的方法，项目绩效评估和问题日志是管理项目团队的方法。

参考答案 46.(D)

47. 项目经理小王负责某项目管理，考虑到项目人力资源紧张，就与三名在校学生签订了兼职劳务合同，并允许这三名在校学生利用互联网进行办公，同时规定每周三上午这些学生必须参与团队的工作会议。以下针对上述情况的观点中，正确的是(　　)。

A. 三名学生不属于项目团队成员
B. 项目经理小王组建了虚拟项目团队
C. 三名学生不可以参加项目团队会议
D. 项目经理小王利用了谈判技术来组建团队

【小虎新视角】

选择A不正确，(1)签了劳务合同；(2)干的是项目的工作；(3)参与团队的工作会议。种种迹象表明三名学生就是项目团队成员。

题干说得很清楚，“同时规定每周三上午这些学生必须参与团队的工作会议”，选项C与题干自相矛盾，不正确。

题干说“与三名在校学生签订了兼职劳务合同”，没有说通过谈判跟三名在校生签约，选项D属于无中生有、凭空臆想，不正确。

参考答案 47.(B)

48. 根据GB/T 8566—2007《信息技术 软件生存周期过程》有关配置管理的规定，(　　)是配置控制的任务。

① 建立基线的文档　② 批准或否决变更请求　③ 审核跟踪变更

④ 确定和保证软件项目对其需求的功能完善性、物理完整性

⑤ 分析和评价变更　⑥ 编制配置管理计划

⑦ 实现、验证和发布已修改的配置项

A. ②③⑤⑦　B. ①③⑤⑥

C. ①③⑤⑦　D. ②④⑥⑦

【小虎新视角】

配置管理过程包括下述6大活动：

(a) 过程实施；

(b) 配置标识；

(c) 配置控制；

(d) 配置状态统计；

(e) 配置评价；

(f) 发布管理和交付。

① 建立基线的文档是配置标识的任务；

④ 确定和保证软件项目对其需求的功能完善性、物理完整性是配置评价的任务；

⑥ 编制配置管理计划是过程实施的任务。

参考答案 48. (A)

49. 配置项目版本控制的步骤是(　　)。

① 技术评审或领导审批　② 正式发布

③ 修改处于“草稿”状态的配置项　④ 创建配置项

A. ①④③②　B. ③②①④

C. ④③①②　D. ④③②①

【小虎新视角】

先创建，后修改。

一定要先审批，后发布。

参考答案 49. (C)

50. 基线是项目配置管理的基础，(　　)不属于基线定义中的内容。

A. 建立基线的条件　　B. 基线识别

C. 受控制项　　D. 批准基线变更的权限

【小虎新视角】

只有把基线定义好了，才能谈具体识别是哪条基线。

也就是说，先有基线定义，后有基线识别。所以，基线识别是基线定义的内容，就是无稽之谈。

知识点：

根据《系统集成项目管理工程师（第2版）》P495：

对于每一个基线，要定义下列内容：

建立基线的事件、受控的配置项、建立和变更基线的程序、批准变更基线所需的权限。

基线（Baseline），是软件文档或源码（或其他产出物）的一个稳定版本，它是进一步开发的基础。所以，当基线形成后，项目负责SCM的人需要通知相关人员基线已经形成，并且在哪儿可以找到这个基线的版本，这个过程可被认为是内部的发布；至于对外的正式发布，更是应当从基线的版本中发布。

参考答案　50.（B）

51. 在项目配置项中有基线配置项和非基线配置项，（　　）一般属于非基线配置项。

A. 详细设计　　B. 概要设计

C. 进度计划　　D. 源代码

【小虎新视角】

可以采用上小学的时候玩的“做题找规律”。

“详细设计”“概要设计”以及“源代码”都是软件开发类，而唯独“进度计划”属于项目管理类。

参考答案　51.（C）

52. 在编制项目采购计划时，根据采购类型的不同，需要不同类型的合同来配合，（　　）包括支付给卖方的实际成本，加上一些通常作为卖方利润的费用。

A. 固定总价合同　　B. 成本补偿合同

C. 工时和材料合同　　D. 单价合同

【小虎新视角】

选项B“成本补偿合同”，首先，含有“成本”二字，与题干“支付给卖方的实际成本”的关键信息“成本”，高度吻合；其次，“补偿”与题干中的“加上一些通常作为卖方利润的费用”，通俗理解，两者是一个意思。故选 B。

参考答案 52.（B）

53. 以下关于外包和外包管理的叙述中，不正确的是（　）。

A. 外包是为了专注发展企业的核心竞争力，将其他的职能都外包给具有成果和技术优势的第三方供应商（或业务流程外包商）

B. 将以前内部自行管理的领域外包后，该领域的整体品质有可能会降低

C. 需要根据合同的承诺跟踪承包商实际完成的情况和成果

D. 从外包风险管理的角度考虑，应尽可能将项目外包给同一家供应商

【小虎新视角】

投资学里有一句话，“不要把所有的鸡蛋都放在一个篮子里”，如果篮子翻了，所有的鸡蛋都会摔碎。投资也一样，一旦失误，损失惨重；分散投资，有利于降低风险。

这个理论同样也适用于外包风险管理，“不要将项目外包给同一家供应商”，否则，万一这家供应商出现意外，譬如技术骨干或者技术团队离开，外包项目的进度、质量等就没法控制了，那就直接砸在手里了，外包风险陡然增加。

参考答案 53.（D）

54. 项目结束后要进行项目绩效审计，项目绩效审计不包括（　）。

A. 经济审计　　B. 效率审计

C. 效果审计　　D. 风险审计

【小虎新视角】

题干问的是“项目绩效”，经济、效率、效果以及风险四个选项，比较而言，风险是绩效，最不靠谱，答案选 D 合适。

知识点：

绩效审计是经济审计、效率审计和效果审计的合称。

参考答案 54.（D）

55. 系统方法论是项目评估方法论的理论基础，系统方法论的基本原则不包括（　）。

A. 整体性原则　　B. 相关性原则

C. 易用性原则　　D. 有序性原则

【小虎新视角】

题干的关键词是“系统”。整体性原则，容易理解；有序性原则，即系统内部的

子单元、子部件有顺序；相关性原则，即系统内部都会相互关联。

把易用性硬说成是系统方法论的基本原则，牵强附会，答案选C。

知识点：

系统方法论是研究一切系统的一般模式、原则和规律的理论体系，它包括系统概念、一般系统理论、系统理论分析、系统方法论和系统方法的应用等。

研究一切系统的基本观点(原理)：

原理一 整体性——“盲人摸象”的教训。(整体)

原理二 相关性——牵一发而动全身。(局部)

原理三 层次性——等级森严的结构整体。(立体)

原理四 有序性——系统功能发挥的源泉。(顺序)

原理五 动态性——发展变化的理论。(动态)

原理六 调控性——系统的自组织。(调节控制)

原理七 最优化——如何追求完美 。(最高目的)

参考答案 55. (C)

56. 以下关于业务流程管理(BPM)的叙述中，不正确的是(　　)。

A. 良好的业务流程管理的步骤包括流程设计、流程执行、流程评估，流程执行是其中最重要的一个环节

B. 业务流程设计要关注内部顾客、外部顾客和业务的需求

C. 业务流程执行关注的是执行的效率和效果

D. 良好的业务流程评估的基础是建立有效、公开、公认和公平的评估标准、评估模型和评估方法

【小虎新视角】

选项A不正确，流程设计是其中最重要的一个环节，不是流程执行。

既然讲业务、讲业务流程，当然是业务流程的设计最难。

参考答案 56. (A)

57. 某软件系统经测试发现有错误，并不能满足质量要求，为了纠正其错误，投入了10人/天的成本，该成本(　　)。

A. 是开发成本，并不属于质量成本

B. 是开发成本，也属于质量成本的一致成本

C. 属于质量成本中的故障成本

D. 属于质量成本中的评估成本

【小虎新视角】

选项A,是开发成本,但应该是:开发成本属于质量成本;

选项B,是开发成本,但应该属于质量成本里的不一致成本,不是一致成本;

选项D,是评估成本,但本题中的成本应该是"故障成本",故正确答案选C。

知识点:

质量成本是指为了达到产品或服务质量而进行的全部工作所发生的所有成本。

质量成本包括为了确保与要求一致而做的所有工作成本(叫作一致成本),以及由于不符合要求所引起的全部工作成本(叫作不一致成本)。这些工作引起的成本主要包括三种:预防成本、评估成本和故障成本,而后者又可分解为内部成本与外部成本。

预防成本和评估成本属于一致成本,而故障成本属于不一致成本。

预防成本是为了使项目结果满足项目的质量要求而在项目结果产生之前而采取的一些活动。

评估成本是项目的结果产生之后,为了评估项目的结果是否满足项目的质量要求进行测试活动而产生的成本。

故障成本是在项目的结果产生之后,通过质量测试活动发现项目结果不能满足质量要求,为了纠正其错误使其满足质量要求而发生的成本。

参考答案 57.(C)

58. 成本控制过程的主要内容不包括(　　)。

A. 将项目的成本分配到项目的各项具体工作上

B. 识别可能引起项目成本基准计划发生变动的因素,并对这些因素施加影响

C. 对发生成本偏差的工作包实施管理,有针对性地采取纠正措施

D. 对项目的最终成本进行预测

【小虎新视角】

将项目的成本分配到项目的各项具体工作上应该属于成本预算的工作,当然不属于成本控制过程的主要内容啰!

参考答案 58.(A)

59. 制订质量管理计划的主要依据是质量方针、项目范围说明书、产品描述以及(　　)。

A. 质量检查表　　　　B. 过程改进计划

C. 质量标准与规则　　D. 需求变更请求

【小虎新视角】

方法一：

分清是哪个过程的输入与输出。

制订质量管理计划的输出有质量检查表、过程改进计划等。

需求变更请求是质量保证、质量控制的输出。

方法二：

制订质量管理计划，先得有质量标准与规则、质量方针，有了质量评价标准，依据项目范围说明书、产品描述，才好制订质量管理计划。

参考答案 59.（C）

60. 在质量保证中，（　　）用来确定项目活动是否遵循了组织和项目的政策、过程与程序。

A. 实验设计　　B. 基准分析

C. 过程分析　　D. 质量审计

【小虎新视角】

实验设计和基准分析是质量规划阶段用到的工具和技术。

题目问的是"质量保证中"，与其阶段不同，故排除选项A与B。

题干大致意思可以浓缩成"活动是否遵循了过程"，明显不是过程分析，是质量审计，故排除选项C。

过程分析遵循过程改进计划的步骤，是从一个组织或技术的立场上来识别需要的改进。

参考答案 60.（D）

61～62. 质量控制的方法、技术和工具有很多，其中（　　）可以用来分析过程是否稳定，是否发生了异常情况；（　　）直观地反映了项目中可能出现的问题与各种潜在原因之间的关系。

（61）A. 因果图　　B. 控制图

C. 散点图　　D. 帕累托图

（62）A. 散点图　　B. 帕累托图

C. 控制图　　D. 鱼骨图

【小虎新视角】

因果图又称鱼骨图，简言之，找出问题的原因。

控制图又称管理图，可以用来分析过程是否稳定，是否发生了异常情况。

散点图是用来表示两个变量之间关系的图，又称相关图。散点图判断两个变量之间是否存在关系，非常有用。

帕累托分析源于帕累托定律，即著名的80-20法则，80%的问题经常是由于20%的原因引起的。帕累托分析是确认造成系统质量问题的诸多因素中最为重要的几个因素的方法，一般借助帕累托图来完成分析。

帕累托图又称排列图（直方图的一种），是一种柱状图，按事件发生的频率排序而成。它显示出由于某种原因引起的缺陷数据的排列顺序，找出影响项目产品或服务质量的主要因素。只有找出影响项目质量的主要因素，即项目组应该首先解决引起更多缺陷的问题，以取得良好的经济效益。

参考答案 61.（B） 62.（D）

63. 某软件项目的《需求规格说明书》第一次正式发布时，版本号为V1.0，此后，由于发现了几处错误，对该《需求规格说明书》进行了两次小的升级，此时版本号为（ ）。

A. V1.11　　B. V1.2

C. V2.0　　D. V1.1

【小虎新视角】

方法一：

工作生活常识法，选择B。

方法二：

排除法。

版本号是V1.0，小数点后只有1位，但是选项A是V1.11，小数点后有2位，格式不对，排除选项A。

第一次正式发布，版本号V1.0，后面由于发现几处错误，进行了两次小的升级，所以将版本号从1.0升级成V2.0，不合适，升级成V2.0应该是大的升级，排除选项C。

选项B与D，选一个，原来版本是**V1.0**，做了两次小的升级，当然就是V1.2，答案选B。

知识点：

处于“正式发布”状态的配置项的版本号格式为：X.Y，X为主版本号，Y为次版本号。

配置项第一次“正式发布”时，版本号为1.0。

如果配置项的版本升级幅度比较小，一般只增大Y值，X值保持不变。只有当配置项版本升级幅度比较大时，才允许增大X值。

参考答案 63.(B)

64. 配置项的状态有三种：草稿、正式发布和正在修改。以下叙述中，不正确的是(　　)。

A. 配置项刚建立时状态为“草稿”，通过评审后，状态变为“正式发布”

B. 配置项的状态变为“正式发布”后，若需要修改必须通过变更控制流程进行

C. 已发布的配置项通过了CCB的审批同意修改，此时其状态变为“正在修改”

D. 通过了变更控制流程审批的配置项，修改完成后即可发布，其状态再次变为“正式发布”

【小虎新视角】

选项D“修改完成后即可发布”，流程不正确哟！应该是“修改完成后，通过了技术评审或者领导审批，才能发布”。

参考答案 64.(D)

65. 以下关于需求跟踪的叙述中，不正确的是(　　)。

A. 需求跟踪是为了确认需求，并保证需求被实现

B. 需求跟踪可以改善产品质量

C. 需求跟踪可以降低维护成本

D. 需求跟踪能力矩阵用于表示需求和别的系统元素之间的联系链

【小虎新视角】

选项A不正确，需求跟踪是为了确保后续工作与需求的对应关系，或者说确认软件每一处实现都是有需求源头的，这跟确认需求是两码事。

需求跟踪与后续工作的关系：

(1) 检查《产品需求规格说明书》中的每个需求是否都能在后继工作成果中找到对应点，即正向跟踪。

(2) 检查设计文档、代码、测试用例等工作成果是否都能在《产品需求规格说明书》中找到出处，即逆向跟踪。

参考答案 65.(A)

66. 某工厂可以生成A、B两种产品，各种资源的可供量、生产每件产品所消耗的资源数量及产生的单位利润见下表。A、B两种产品的产量为(　　)时利润最大。

单位消耗 资源 \ 产品	A	B	资源限制条件
电/度	5	3	200
设备/(台·时$^{-1}$)	1	1	50
劳动力/小时	3	5	220
单元利润/百万元	4	3	

A. A=35,B=15　　　　B. A=15,B=35

C. A=25,B=25　　　　D. A=30,B=20

【小虎新视角】

直接把结果代入,进行检查和比较。

选项A,查看用电量35×5+15×3=220,超过电量200度的限制条件,排除选项A。

选项D,查看用电量30×5+20×3=210,超过电量200度的限制条件,排除选项D。

选项B与D皆满足各种资源限制条件,如电、设备、劳动力等,现比较选项B与D的利润:

选项B,利润=15×4+35×3=165(万元)

选项C,利润=25×4+25×3=175(万元)

所以,选项C为正确答案。

参考答案　66.(C)

67. 某企业要投产一种新产品,生产方案有四个:A. 新建全自动生产线;B. 新建半自动生产线;C. 购置旧生产设备;D. 外包加工生产。未来该产品的销售前景估计为较好、一般和较差三种,不同情况下该产品的收益值(单位:百万元)如下:

依后悔值(在同样的条件下,选错方案所产生的收益损失值)的方法决策应该选(　　)方案。

方　案	销路很好	销量一般	销量较差
A	800	200	−300
B	600	250	−150
C	450	200	−100
D	300	100	−20

A. 新建全自动生产线　　　　B. 新建半自动生产线
C. 购置旧生产设备　　　　D. 外包加工生产

【小虎新视角】

后悔值法进行决策，分为三大步骤：

第一步：计算出各方案的后悔值。

计算后悔值的具体算法：

将每种自然状态的最高值（指收益矩阵，如果是损失矩阵应取最低值，就是损失最低的值）定为该状态的理想目标，并将该状态中的其他值与最高值相比所得之差作为未达到理想的后悔值。

本题的自然状态就是：较好、一般以及较差这3种自然状态。

先找出每种自然状态的最高值：

类　别	较　好	一　般	较　差
最高值	800	250	−20

再计算各方案的后悔值：

类　别	较　好	一　般	较　差
A	0	50	280
B	200	0	130
C	350	50	80
D	500	150	0

第二步：每一方案中选取最大的后悔值。

类　别	选取每种方案的最大后悔值
A	280
B	200
C	350
D	500

第三步：再在各方案的最大后悔值中选取最小值作为决策依据。

4个方案中，B方案的后悔值200最小，依后悔值方法进行决策就要选择B方案。

参考答案　67.（B）

68. 某项目的利润(单元:元)预期如下表所列,贴现率为 10%,则第三年结束时利润总额的净现值约为(　　)元。

类　别	第一年	第二年	第三年
利润预期	11000	12100	13300

A. 30000　　B. 33000

C. 36000　　D. 40444

【小虎新视角】

净现值=净现金×折现系数

折现系数=1/[(1+折现率)的 N 次方],这里的 N 代表年数。

贴现率和折现率是一样的。

折现率=贴现率=10%

第 1 年:11000/(1+10%)=10000

第 2 年:12100/(1+10%) ^{2}=10000

第 3 年:13300/(1+10%) ^{3}=10000

题干的问题是:"第三年结束时利润总额的净现值",那么三年的净现值累计相加:10000+10000+10000=30000(元)。

参考答案　68. (A)

69. 某项目年生产能力为 8 万台,年固定成本为 1000 万元,预计产品单台售价为 500 元,单台产品可变成本为 300 元,则项目的盈亏平衡点产量为(　　)万台。

A. 1.3　　B. 2

C. 4　　D. 5

【小虎新视角】

假设项目的盈亏平衡点产量为 X 万台,则有:

$300\times X+1000=500\times X$

$X=5$(万台)

参考答案　69. (D)

70. 从任一节点走到相连的下一节点算一步,在下图中,从 A 节点到 B 节点至少要走(　　)步。

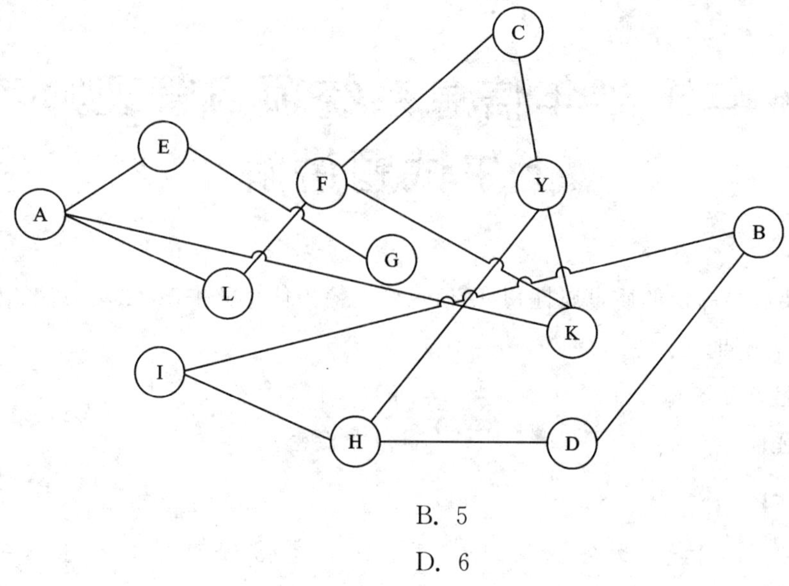

A. 4　　　　B. 5

C. 7　　　　D. 6

【小虎新视角】

题目问的是:"从A节点到B节点至少要走多少步"。

逆向思维法,"从B节点到A节点至少要走多少步呢?"

因为从B出发,只有2条分叉,B—I—H,B—D—H,最终还是要经过H节点,都是2步,分析处理相对简单。

H—Y,只有一条道,也就1步。

问题变成了,从节点H走到节点A至少几步,因为节点H到节点A没有直线相连,至少2步,即Y—K—A。

所以,从B节点到A节点至少要走2+1+2=5(步),也就是从A节点到B节点至少要走5步,选择答案B。

参考答案　70. (B)

2016年下半年信息系统项目管理师考试上午试题讲解

1. 信息要满足一定的质量属性，其中信息(　　)指信息的来源、采集方法、传输过程是可以信任的，符合预期。

A. 完整性　　B. 可靠性

C. 可验证性　　D. 保密性

【小虎新视角】

题目的关键词是：信任。网友常说，小老虎信任可靠，信任与可靠是不分家的。

参考答案　1. (B)

2. 以下关于信息化的叙述中，不正确的是(　　)。

A. 信息化的主体是程序员、工程师、项目经理、质量管控人员

B. 信息化的时域是一个长期的过程

C. 信息化的手段是基于现代信息技术的先进社会生产工具

D. 信息化的目标是使国家的综合实力、社会的文明素质和人民的生活质量全面达到现代化水平

【小虎新视角】

题目的问题是选择“不正确”的选项。

信息化的主体，如果是“程序员、工程师、项目经理、质量管控人员”，那么小虎请问小伙伴们：“客户去哪儿？项目组的其他成员去哪儿了？譬如：程序员的直接老大就是技术经理，负责需求的产品经理，架构师，QA、美工等都去哪儿了？让他们玩消失吗？”

所以，至少犯了“以偏概全”的逻辑错误。

参考答案　2. (A)

3. 两化(工业化和信息化)深度融合的主攻方向是(　　)。

A. 智能制造　　B. 数据挖掘

C. 云计算　　D. 互联网＋

【小虎新视角】

深度融合：就是你中有我，我中有你！

就像男女年轻人谈恋爱、组建家庭、生孩子，那孩子有一半是先生的，有一半是妻子的，精子与卵子的结合，这就是高度融合。你中有我，我中有你，谁也离不开谁。

智能：信息化呗。

制造：工业化呗。

参考答案 3.（A）

4. 以下关于信息系统运维工作的叙述中，不正确的是（　　）。

A. 运维工程师在运维工作中可能会有软件开发的工作

B. 运维工作的主要目的之一是保障系统的可用性和稳定性

C. 运维工程师需要定期对运维对象进行巡检

D. 运维工作量的结算是以运维工程师的统计作为依据的

【小虎新视角】

题目的问题是选择“不正确”选项。

选项D“运维工作量的结算是以运维工程师的统计作为依据的”，不符合工作常识，一般都是自己的业务主管或者第三方来统计、评价工作量。因为大多数人都是自私的、利己的，自己的统计不客观，哪能你说统计就统计，你说多少就多少，试问运维工程师主管情何以堪。

参考答案 4.（D）

5. 以下关于软件需求变更的叙述中，不正确的是（　　）。

A. 每一个需求变更都必须能追溯到一个经核准的变更请求

B. 变更控制过程本身应该形成文档

C. 所有需求变更必须遵循变更控制过程

D. 需求变更后，可以删除原始的需求文档

【小虎新视角】

好家伙，您敢“删除原始的需求文档”，吃了豹子胆。

凭啥说客户修改了需求，做了需求变更啊？给软件开发带来了麻烦，带来了成本，口说无凭啊！我的兄弟。

参考答案 5.（D）

6. 以下关于软件需求分析的叙述中，不正确的是（　　）。

A. 软件需求分析阶段的任务是描述出软件架构及相关组件之间的接口

B. 软件需求分析可以检测和解决需求之间的冲突

C. 软件需求分析可以确定系统的边界

D. 软件需求分析是软件工程中的一个关键过程

【小虎新视角】

"软件需求分析阶段的任务是描述出软件架构及相关组件之间的接口"，在软件需求分析阶段咋整"软件架构""组件接口"啊？

软件需求阶段，可是客户和甲方都参加的，我的乖乖，客户都知道啊，都清楚这些专业技术软件架构、组件接口啊？

参考答案　6.（A）

7. 中间件可以分为数据库访问中间件、远程过程调用中间件、面向消息中间件、实务中间件、分布式对象中间件等多种类型，Windows 平台的 ODBC 和 JAVA 平台的 JDBC 属于（　　）。

A. 数据库访问中间件　　B. 远程过程调用中间件

C. 面向消息中间件　　D. 实务中间件

【小虎新视角】

学过计算机的人都知道 DB，如果这都不知道，小虎劝您回去学习一下。

DB DataBase Connect，这不就是：数据库访问嘛。

参考答案　7.（A）

8. 以下关于软件质量管理过程的叙述中，不正确的是（　　）。

A. 验证过程的目的是确保活动的输出产品满足活动的规范说明

B. 确认过程的目的是确保产品满足其特定的目标

C. 技术评审的目的之一是评价所用管理方法的有效性

D. 审计是正式组织的活动

【小虎新视角】

选项 C 所述的评价所用管理方法，意思是说评价软件质量管理方法的有效性。

小虎观点：技术是技术，管理是管理，这是两个线，大一点的公司，这两个岗位是分开的。

参考答案　8.（C）

9. 以下关于质量保证的叙述中，不正确的是（　　）。

A. 质量保证应该贯穿整个项目生命期

B. 质量保证活动属于监控过程组

C. 质量保证是对质量规划和质量控制过程的质量控制，可分为内部质量控制和外部质量控制

D. 质量保证决定了项目质量控制的结果

【小虎新视角】

搞过项目质量管理的朋友，都知道质量保证与质量控制。这是常常挂在嘴边的几个专业术语。质量保证与质量控制是两回事，属于不同的过程。质量保证属于执行过程组，质量控制属于监控过程组，控制和监控，意思差不多。您懂的。

参考答案 9.（B）

10. 根据GB/T 17544，软件包质量要求包括三部分，即产品描述要求、（　　）、程序和数据要求。

A. 用户文档要求　　B. 系统功能要求

C. 设计要求说明　　D. 软件配置要求

【小虎新视角】

题干中有产品描述要求，既然讲了产品，就要讲用户，产品和用户是不分家的。

参考答案 10.（A）

11. 软件维护工作包括多种类型。其中（　　）的目的是检测并更正软件产品中的潜在错误，防止它们成为实际错误。

A. 更正性维护　　B. 适应性维护

C. 完善性维护　　D. 预防性维护

【小虎新视角】

潜在错误是不是预防，小虎哥就不多说了。

参考答案 11.（D）

12. GB/T 11457—2006《信息技术 软件工程术语》规定了配置管理的三种基线，它们是（　　）。

A. 趋势基线、测试基线和原始基线

B. 功能基线、分配基线和产品基线

C. 产品基线、分配基线和测试基线

D. 产品基线、原始基线和测试基线

【小虎新视角】

功能基线,就是我们要做什么、要开发什么。

这是我们程序员经常喊的,我要做什么,我这些天又做了哪些功能模块。

产品基线,就是要给客户提供什么。

同时有这两个基线的,只有B。

参考答案 12.(B)

13. 以下叙述中,不符合GB/T 16680《软件文档管理指南》规定的是(　　)。

A. 质量保证计划属于管理文档

B. 详细设计评审需要评审程序单元测试计划

C. 文档的质量可以按文档的形式和列出的要求划分为四级

D. 软件产品的所有文档都应该按规定进行签署,必要时进行会签

【小虎新视角】

软件文档的三种类别:开发文档、产品文档、管理文档。

(1) 开发文档描述开发过程本身;

(2) 产品文档描述开发过程的产物;

(3) 管理文档记录项目管理的信息。

基本的开发文档是:

——可行性研究和项目任务书;

——需求规格说明;

——功能规格说明;

——设计规格说明,包括程序和数据规格说明;

——开发计划;

——软件集成和测试计划;

——质量保证计划、标准、进度;

——安全和测试信息。

计划与开发不分家,先有计划,后有开发,所以计划类文档都属于开发文档。

参考答案 13.(A)

14. GB/T 14394—2008《计算机软件可靠性与可维护性管理》提出了软件生存周期各个阶段进行软件可靠性和可维护性管理的要求。“测量可靠性,分析现场可靠性是否达到要求”是(　　)的可靠性和可维护性管理要求。

A. 获取过程　　　　B. 供应过程

C. 开发过程　　D. 运作过程和维护过程

【小虎新视角】

现场可靠性，关键词是现场、现场、现场，重要的词说三遍。只可能是：运作过程和维护过程中。

参考答案　14.（D）

15. 评估信息系统安全时，需要对风险项进行量化来综合评估安全等级。如果对于需求变化频繁这一事件，其发生概率为0.5，产生的风险影响值为5，则该风险项的风险值为（　　）。

A. 10　　B. 5.5

C. 4.5　　D. 2.5

【小虎新视角】

风险值＝风险影响值×发生的概率＝5×0.5＝2.5

参考答案　15.（D）

16. 为了保护网络系统的硬件、软件及系统中的数据，需要相应的网络安全工具。以下安全工具中，（　　）被比喻为网络安全的大门，用来鉴别什么样的数据包可以进入企业内部网。

A. 杀毒软件　　B. 入侵检测系统

C. 安全审计系统　　D. 防火墙

【小虎新视角】

题干中"网络安全的大门"，要知道门跟墙是不分家的。

参考答案　16.（D）

17. 信息系统访问控制机制中，（　　）是指对所有主体和客体部分分配安全标签，用来标识所属的安全级别，然后在访问控制执行时对主体和客体的安全级别进行比较，确定本次访问是否合法的技术或方法。

A. 自主访问控制　　B. 强制访问控制

C. 基于角色的访问控制　　D. 基于组的访问控制

【小虎新视角】

题干中说的"所有主体和客体都……"这也太狠了吧！这不就是强制吗?!

参考答案　17.（B）

18. 以下关于信息系统审计的叙述中，不正确的是（　　）。

A. 信息系统审计是安全审计过程的核心部分

B. 信息系统审计的目的是评估并提供反馈、保证及建议

C. 信息系统审计师了解规划、执行及完成审计工作的步骤与技术，并尽量遵守国际信息系统升级与控制协会的一般公认信息系统审计准则、控制目标和其他法律与规定

D. 信息系统审计的目的可以是收集并评估证件以决定一个计算机系统（信息系统）是否有效做到保护资产、维护数据完整、完成组织目标

【小虎新视角】

安全审计过程的核心，当然是安全审计，不容置疑！

信息系统审计，应该属于其基本业务。

参考答案 18.（A）

19. 虽然不同的操作系统可能装有不同的浏览器，但是这些浏览器都符合（　　）协议。

A. SMP　　B. HTTP

C. HTML　　D. SMT

【小虎新视角】

协议的英文单词是“**Protocol**”，所以答案的最后一个字母一般是 P。排除 C 与 D。

通过浏览器看文字、图片、视频等，文字是基础，文字的英文单词 Text 的缩写是“T”，HTTP 协议里含有“T”字母，故选 B。

参考答案 19.（B）

20. 在机房工程的设计过程中，所设计的机房工程需具有支持多种网络传输、多种物理接口的能力，是考虑了（　　）原则。

A. 实用性和先进性　　B. 安全可靠性

C. 灵活性和可扩展性　　D. 标准化

【小虎新视角】

左一个“多种”，右一个“多种”，这不是灵活性，是啥？

参考答案 20.（C）

21. 在建筑物综合布线系统中，由用户终端到信息插座之间的连线系统称为（　　）。

A. 工作区子系统　　B. 终端布线子系统

C. 水平布线子系统　　D. 管理子系统

【小虎新视角】

综合布线系统可划分成六个子系统：

(1) 工作区子系统；

(2) 配线(水平)子系统；

(3) 干线(垂直)子系统；

(4) 设备间子系统；

(5) 管理子系统；

(6) 建筑群子系统。

根本就没有终端布线子系统。

好好看书，记住6个独立子系统都是用来干啥的。

参考答案 21. (A)

22. 在网络系统的设计与实施过程中，需要重点考虑网络在(　　)方面的可扩展性。

A. 规划和性能　　B. 规模和安全

C. 功能和性能　　D. 功能和带宽

【小虎新视角】

既然兄弟来考高级的信息系统项目管理师，那应该知道软考的考试里，还有一个高级资格名称叫网络规划设计师。

当然：规划就需要重要考虑，毋庸置疑。

参考答案 22. (A)

23. 存储转发是网络传输的一种形式，其问题是不确定在每个节点上的延迟时间。克服该问题最有效的方式是(　　)。

A. 设计更有效的网络缓冲区分配算法　　B. 设置更大的缓冲区

C. 提高传输介质的传输能力　　D. 减少分组的长度

【小虎新视角】

存储转发，就是先存储，后转发。

那什么时候转发呢？依赖于：每个节点上的延迟时间。

所以答案当然是提高传输介质的传输能力了。

为什么呢？这是物理方法，其他的都是软件方法。

每个网络节点上的延迟时间，关键字是：每个网络节点，更多的是个物理问题，不是一个软件问题。

参考答案 23. (C)

24. TCP/IP协议族中所定义的TCP和UDP协议，实现了OSI七层模型中的(　　)的主要功能。

A. 物理层　　B. 网络层

C. 传输层　　D. 应用层

【小虎新视角】

T是英文单词transfer的缩写,传输的意思。

参考答案　24.(C)

25. 在人事管理系统中,计算企业员工的报酬可以利用面向对象的(　　)技术,使系统可以用有相同名称、但不同核算方法的对象来计算专职员工的和兼职员工的报酬。

A. 多态　　B. 继承

C. 封装　　D. 复用

【小虎新视角】

不同核算方法,也就是说多个核算方法,多呗!

那就多态。

参考答案　25.(A)

26. 以下关于UML的叙述中,不正确的是(　　)。

A. UML适用于各种开发方法

B. UML适用于软件生命周期的各个阶段

C. UML是一种可视化的建模语言

D. UML也是一种编程语言

【小虎新视角】

建模是建模,编程是编程。

在软件开发的时候,经常说:先建模,后开发。

UML是一种建模语言,不是编程语言。

参考答案　26.(D)

27. 在面向对象系统中,(　　)关系表示一个较大的"整体"类,包含一个或多个"部分"类。

A. 概化　　B. 合成

C. 泛化　　D. 聚合

【小虎新视角】

题干关键信息有:

(1) 包含一个或多个“部分”;

(2) 整体与部分的关系。

这就是聚合关系啊!

参考答案 27. (D)

28. 根据《中华人民共和国合同法》,以下叙述中,正确的是( )。

A. 当事人采用合同书形式订立合同的,自合同付款时间起合同生效

B. 只有书面形式的合同才受法律的保护

C. 当事人采用信件、数据电文等形式订立合同的,可以在合同成立之前签订确认书,签订确认书时合同成立

D. 当事人采用合同书形式订立合同的,甲方的主营业地为合同成立的地点

【小虎新视角】

(1) 您去了一家新公司,跟公司签订了劳动合同,老板当时给您付工资了吗?

(2) 题干说:“只有书面形式的合同才受法律的保护”,合同的形式,也太单一了吧? 也太跟不上时代的发展步伐了吧? IT 科技发展都多少年了,那数据电文怎么办? 如:甲方在深圳,就是小马哥马化腾的腾讯公司,我小虎在北京跟腾讯公司签订了的劳动合同,那就不成立了呗?! 这不胡扯吗?

参考答案 28. (C)

29. 格式条款是当事人为了重复使用而预先拟定的,并在订立合同时未与对方协商的条款,对于格式条款,不正确的是( )。

A. 提供格式条款一方免除其责任、加重对方责任、排除对方主要权利的,该条款无效

B. 格式条款和非格式条款不一致时,应当采用格式条款

C. 对格式条款有两种以上解释的,应当做出不利于提供格式条款一方的解释

D. 采用格式条款订立合同的,提供格式条款的一方应当遵循公平原则确定当事人之间的权利和义务

【小虎新视角】

题目的问题是选择不正确选项,答案选 B。

“格式条款和非格式条款不一致”,应该是“应当采用非格式条款”,而不是“采用格式条款”。

如何来理解这一法律条款呢? 首先来看看何谓格式条款和非格式条款。

格式条款是指当事人为了重复使用而预先拟定、并在订立合同时未与对方协商的条款。

非格式条款是双方进行协商，没有预先拟定的合同。

小伙伴们，从定义可以看出，两者的区别主要有两点：

(1) 预先拟定；

(2) 未与对方协商。

知道了这两点，就很好理解"格式条款和非格式条款不一致，应该采用非格式条款"，为啥不采用"格式条款"了，因为它是"预先拟定""没有与对方沟通协商"的，主要担心出现"预先拟定"合同方说了算，出现"不利于对方的条款"，例如"强制条款"或者"霸王条款"。

参考答案 29. (B)

30. 依据《中华人民共和国招标投标法》，以下叙述中，不正确的是(　　)。

A. 招标人具有编制招标文件和组织评标能力的，可以自行办理招标事宜

B. 招标人不可以自行选择招标代理机构

C. 依法必须进行招标的项目，招标人自行办理招标事宜的，应当向有关行政监督部门备案

D. 招标代理机构与行政机关和其他国家机关不得存在隶属关系或者其他利益关系

【小虎新视角】

以华为为例，其是民营企业，当然可以自行选择招标代理机构了。

参考答案 30. (B)

31. 以下关于项目章程的概述中，正确的是(　　)。

A. 项目章程与合同内容是一致的

B. 项目章程要由项目经理发布

C. 项目章程要明确项目在组织中的地位

D. 项目章程就是一个程序文件

【小虎新视角】

题目要求选择"正确"选项，可知有3个错误、1个正确，采用排除法，一一排除。

项目章程是公司为管理项目而制订的总的制度章程；而合同是公司与客户针对项目而签订的法律文书。目标不同，服务对象不同，文档体裁格式也不一样，说"内容是一致"是不靠谱的，排除A。

项目章程确定谁来当项目经理，所以，项目章程不能由项目经理来发布，排除C。

选项D"项目章程就是一个程序文件",错误有以下几点:

(1)不是"程序",不是"程序文件",应该是"项目文件";

(2)缺少"正式批准"这个关键字眼。

应该改为:"项目章程是正式批准的一个项目文档"。

参考答案 31.(C)

32. 项目工作说明书是对项目所需要提供的产品、成果或服务的描述,其内容一般不包括(　　)。

A. 业务要求　　B. 产品范围描述

C. 项目目标　　D. 技术可行性分析

【小虎新视角】

项目工作说明书,是项目章程的输入;技术可行性分析,是在需求分析阶段需要的。

参考答案 32.(D)

33. 在项目计划阶段,由于各种约束条件搞不清晰,所以在计划过程中会遵循基本的方法论以指导项目计划的规定,(　　)属于项目管理方法论的一部分。

A. 计划的标准格式和模板　　B. 项目相关授权

C. 项目干系人的性能　　D. 初步范围说明书

【小虎新视角】

题干关键词:"项目管理方法论"。

方法,是可以重复使用的。

要注意选项D,初步范围说明书,不是方法,是结果。

参考答案 33.(A)

34. 在项目收尾阶段,召开项目总结会议,总结项目实施中的成功和尚需改进之处,其属于项目管理中的(　　)。

A. 合同收尾　　B. 管理收尾

C. 会议收尾　　D. 组织过程资产收尾

【小虎新视角】

项目总结是项目管理工作中的重要工作之一,总结过去,面向未来。当然属于管理收尾。

参考答案 34.(B)

35～36. 某项目由并行的3个模块A、B和C组成，其中活动A需要3人用5天时间完成；活动B需要6人用7天时间完成；活动C需要4人用2天时间完成。为了保证项目在最短时间内完成，则最少应该为项目配置(　　)人，假设活动A、B和C按时完成的概率分别为80%、70%和100%，则该项目按时完成的概率为(　　)。

(35) A. 6　　B. 9
C. 10　　D. 13

(36) A. 50%　　B. 56%
C. 64%　　D. 90%

【小虎新视角】

(35)题：

活动A:5天；

活动B:7天；

活动C:2天。

为了保证项目最短时间内完成，最短时间正好是7天。

注意：在项目执行活动中，是并行完成3个模块的。

(1) 执行活动B的时候需要6人；

(2) 同时执行活动C，2天，需要4人；

(3) 活动C执行完了，执行A，正好5天，而执行A，需要3人，正好A活动原来的4个人抽调3个来完成模块A。

所以：6+4=10。

(36)题：

A、B和C按时完成。

可采用高中数学排列组合中的加法原则和乘法原则。

加法原则：

完成一件工作共有N类方法。在第一类方法中有m_1种不同的方法，在第2类方法中有m_2种不同的方法，……在第N类方法中有m_n种不同的方法，那么完成这件工作共有$N=m_1+m_2+m_3+\cdots+m_n$种不同方法。

乘法原则：

完成一件工作共需N个步骤：完成第一个步骤有m_1种方法，完成第二步骤有m_2种方法，……完成第N个步骤m_n种方法，那么，完成这件工作共有$m_1\times m_2\times\cdots\times m_n$种方法。

所以：80%×70%×100%=0.56

参考答案　35. (C)　36. (B)

37. 某项目包括的活动情况如下表所示：

活　动	持续时间	活　动	持续时间	活　动	持续时间
A	4	B	3	C	4
D	2	E	3	F	4

活动D和活动F只能在活动C结束后开始，活动A和活动B可以在活动C开始后的任何时间内开始，但是必须在项目结束前完成，活动E只能在活动D完成后开始。活动B是在活动C开始1天后才开始的，在活动B的过程中，发生了一件意外事件，导致活动B延期2天，为了确保项目按时完成，(　　)。

A. 应为活动B添加更多资源

B. 可不需要采取任何措施

C. 需为关键路径上的任务重新分配资源

D. 应为活动D添加更多的资源

【小虎新视角】

活动B，原来需要3天，延迟2天，相当于实际5天；**活动C开始1天后才开始的B；活动C之后D，D活动之后E，则加起来是：4(C)+2(D)+3(E)=9。**

参考答案　37. (B)

38. WBS最底层的工作单元被称为工作包，以下关于工作包的叙述中，正确的是(　　)。

A. 可依据工作包来确定进度安排、成本估算等工作

B. 工作包可以非常具体，也可以很粗略，视项目情况而定

C. 如果项目规模很大，也可以将其分解为子项目，这时子项目可以认为是一个工作包

D. 工作包的规模应该较小，可以在40小时之内完成

【小虎新视角】

B对，则C对；C对，则B对；所以，B、C都不对。

D搞得太细了，那要是在北欧，如丹麦、瑞典怎么办，人家一星期才上4天班，还不到40小时呢。

参考答案　38. (A)

39. 投标文件存在对招标文件响应的非实质性的微小偏差，则该投标文件应(　　)。

A. 不予淘汰，但需在订立合同前予以澄清

B. 不予淘汰，但需在评估结束前予以澄清

C. 不予淘汰，允许投标人重新投标

D. 予以淘汰

【小虎新视角】

根据题意，针对"招标文件响应"透露了两个关键信息：

(1)"非实质性"；

(2)"微小偏差"。

法律不是程序，也会"温情脉脉"，也会有一定的灵活度及合理的裁量空间。排除D"予以淘汰"，应该是"不予淘汰"。

"允许投标人重新投标"，增加了执法成本，提高了经济运行和管理的成本，毕竟是"对招标文件响应的非实质性的微小偏差"，排除C。

题干中一直说"投标文件""招标""投标"，能不能中标还难说呢，离签订合同还差着十万八千里呢！排除A。

选项B"但需在评标结束前予以澄清"中的"评标"，与题干中的"招标""投标"，可谓一脉相承、相得益彰、过程连贯、自然贴切。

此外，因为"非实质性的微小偏差"，先招标，再投标，紧接着是评标，故"需在评标结束前予以澄清"，符合逻辑和办事流程，"澄清"一词准确精妙。答案选B。

参考答案 39.(B)

40. 在评标过程中，发现有一投标单位提交了两份不同的投标文件，而且招标文件中也未要求提交备选投标，则应(　　)。

A. 否决其投标　　　　B. 以最低报价投标文件为准

C. 以最高得分投标文件为准　　　　D. 征求投标法的建议后决定

【小虎新视角】

不允许出现选择性投标或报价。

不允许投标单位提交两份不同的投标文件。

为什么呢？

如果行，所有的投标单位，都投两份不同的投标文件，或者N份不同的投标文件，那岂不天下大乱了。

参考答案 40.(A)

41. 绩效报告一般不包括(　　)方面的内容。

A. 项目的进展情况　　　　B. 成本支出情况

C. 项目存在的问题及解决方案　　　　D. 干系人沟通需求

【小虎新视角】

绩效报告属于项目沟通管理中的内容。

项目沟通管理有编制项目沟通计划、信息分发、绩效报告以及项目干系人管理四大过程。

干系人沟通需求是编制项目沟通计划的内容。

参考答案 41.(D)

42. 以下对沟通管理计划的理解中,正确的是(　　)。

A. 沟通管理计划不仅包括项目干系人的需求和预期,还包括用于沟通的信息,如格式、内容、细节水平等

B. 由于项目具有独特性,一个公司的各种项目不宜采取统一格式记录及传递信息

C. 对于不同层次的项目干系人,也应规定相同的信息格式

D. 沟通需求分析是项目干系人信息需求的汇总,而项目的组织结构不会影响项目的沟通需求

【小虎新视角】

排除法:

选项B错误,一个公司的各种项目是适宜采取统一格式记录及传递信息的,这样便于沟通,节约成本,规范化管理。

选项C,项目中,对老板、对客户、对工程师,能规定相同的信息格式吗?人家关注的信息的兴趣点都不一样,还相同的信息,这不胡扯吗?

选项D,职能型、项目型、矩阵型组织结构,项目的组织结构明显影响项目沟通需求。

参考答案 42.(A)

43. 对于干系人的管理可使项目沿预期轨道进行,在进行干系人分析时,可使用权力/利益方格的方法,以下叙述中,正确的是(　　)。

A. 对于权力大、利益小的干系人的管理策略是随时汇报、重点关注

B. 对于权力大、利益大的干系人的管理策略是重点管理、及时报告

C. 对于权力小、利益大的干系人的管理策略是花较少的精力监督即可

D. 对于权力小、利益小的干系人的管理策略是可以忽略不计

【小虎新视角】

排除法:

选项A,在公司里,权力大的人就是老板,老板多忙啊!见客户、见合作伙伴,随时报告不现实,管理策略是“令其满意”。

选项C,利益大,当然是客户啦!花了银子,找公司研发,指望项目赚钱呢!还

监督客户，有这个理吗？

选项D，“对于权力小、利益小的干系人的管理策略是可以忽略不计”，项目组一帮干活的工程师，对其的管理策略居然是忽略不计，你让工程师听了多伤心啊！

管理策略是“监督”呗，监督他们好好干活呗！

参考答案 43.（B）

44. 开发的产品不再符合市场需求，这种状况属于项目的（　　）。

A. 技术风险　　B. 社会风险

C. 商业风险　　D. 组织风险

【小虎新视角】

题干关键词：“市场需求”，商业跟市场是紧密联系在一起的。

参考答案 44.（C）

45. 项目风险管理计划不包含的内容是（　　）。

A. 确定风险管理的方法　　B. 风险管理估算

C. 风险类别　　D. 如何审计风险管理过程

【小虎新视角】

计划是计划，执行是执行，不同阶段，做不同的事情。

选项D，“如何审计风险管理过程”，很明显是执行阶段的事情。

参考答案 45.（D）

46. 在项目风险识别时，一般不用的技术是（　　）。

A. 因果图　　B. 流程图

C. 影响图　　D. 帕累托图

【小虎新视角】

帕累托图，是质量控制用的技术，讲的是质量。

题目说的是风险，风险识别。

参考答案 46.（D）

47. 分析“应对策略实施后，期望的残留风险水平”的活动属于项目（　　）的内容。

A. 风险识别　　B. 风险分析

C. 风险应对计划　　D. 风险监控

【小虎新视角】

题干说，“应对策略实施后，期望的残留风险水平”，相似原则，当然是：“风险应对计划”。计划与期望，意思有点近。

参考答案 47.（C）

48.（　　）风险应对策略是指通过改变计划，以排除风险，或者保护项目目标不受影响，或对受到威胁的一些项目目标放松要求。

A. 消极　　B. 积极

C. 接受　　D. 提高

【小虎新视角】

关键字：“一些项目目标放松要求”，当然是消极风险。

参考答案 48.（A）

49.（　　）冲突管理方法是指综合多方面的观点和意见，得到一个多数人能够接受的解决方案。

A. 强制　　B. 妥协

C. 合作　　D. 回避

【小虎新视角】

题干说：

（1）综合多方面的观点和意见；

（2）得到一个多数人能够接受的解决方案。

明显可以看出合作的意愿特别强烈。

参考答案 49.（C）

50. 对于大型及复杂项目而言，制订活动计划之前，必须先考虑项目的（　　）。

A. 成本计划　　B. 质量计划

C. 过程计划　　D. 范围计划

【小虎新视角】

成本计划、质量计划、范围计划都是一般项目。

题干说得很清楚，“对于大型及复杂项目而言”，必须先考虑项目的“过程计划”。

参考答案 50.（C）

51. 组织级项目管理是一种包括项目管理、大型项目管理、项目组合管理的系统的管理体系，其最终目标是帮助企业实现（　　）。

A. 战略目标　　　　B. 资源有效利用

C. 质量目标　　　　D. 业务目标

【小虎新视角】

题干说,“最终目标是帮助企业实现”,帮助企业当然是战略目标啦!

参考答案　51. (A)

52. 在大型项目中,项目的绩效通过组织结构层层传递,就可能导致信息的传递失真,因此相对于一般的项目,大型项目在执行过程中(　　)更容易出现失真。

① 范围　② 质量　③ 进度　④ 成本

A. ③④　　　　B. ①③

C. ①②　　　　D. ②③

【小虎新视角】

成本、进度,都是实打实的,一是一、二是二,不太会失真。

范围、质量,人为的、主观看法,这些都会有偏差,当然容易失真。

参考答案　52. (C)

53. 在项目组合管理中,经常会涉及项目管理办公室,(　　)不属于项目管理办公室的职能。

A. 建立项目管理的支撑环境　　　　B. 提供项目管理指导和咨询

C. 多项目的管理和监控　　　　D. 制订具体的项目管理计划

【小虎新视角】

项目管理办公室都制订具体的项目管理计划,那该项目的具体项目经理干吗去?明显抢人家饭碗嘛!

参考答案　53. (D)

54. 在项目中经常会利用外包的手段,以提高项目的盈利能力,对于工作规模或产品规定不是特别清楚的项目,外包时一般应采用(　　)。

A. 成本补偿合同　　　　B. 采购单形式的合同

C. 工时材料合同　　　　D. 固定总价合同

【小虎新视角】

题干透露出两点信息:

(1) 多大工作量不清楚;

(2) 要生产/研发什么样规格的产品也不清楚。

简而言之，一句话，啥都不清楚。

既然题干说啥都不清楚，所以没法知道成本，此时谈成本补偿，那就是一句空话，排除A"成本补偿合同"。

采购，首先需要知道自己想采购什么样的产品，产品主要规格参数是什么，要具备哪些主要功能等。既然题干说啥都不清楚，怎么采购？排除B"采购单形式的合同"。

计算总价的方法一般有两种，一种是根据工作量来测算，预计投入多少人，花费多长时间；另一种方法，根据要生产的产品规格和功能，按功能点收费。既然题干说啥都不清楚，故没法确定项目的总价，排除D"固定总价合同"。

注：当不能确定准确的工作量时，采用工时材料合同合适，适用于动态增加人员、专家或其他外部支持人员等情况。

参考答案 54.（C）

55. 以下关于采购计划的叙述中，不正确的是（　　）。

A. 编制采购计划的第一步是考虑哪些产品或服务由项目团队自己提供划算，还是通过采购更为划算

B. 每一次采购都要经历从编制采购计划到完成采购的全过程

C. 项目进度计划决定和影响着项目采购计划，项目采购计划做出的决策不会影响项目进度计划

D. 编制采购计划时，需要考虑的内容有成本估算、进度、质量管理计划、现金流预测等

【小虎新视角】

选项C"项目采购计划做出的决策不会影响项目进度计划"不正确，项目采购计划做出的决策当然会影响项目进度计划了。研发服务器迟迟不到位，工程师没法研发调试，能不影响项目进度吗？

参考答案 55.（C）

56. 项目经理负责对项目进行成本估算，下述表格是依据某项目分解的成本估算表，该项目总成本估算是（　　）万元。

研发阶段成本估算表

研发阶段	需求调研	需求分析	项目策划	概要设计	详细设计	编码	系统测试	其　他	合　计
占研发比例/%	3	4	5	5	10	51	13	9	100
阶段工作量/万元	7	9	11	11	22	112	28	20	220

项目成本估算表

项　目	研发阶段	项目管理	质量保证	配置管理	其　他	合　计
占项目比例/%	84	7	4	3	2	100
阶段工作量/万元	220					

A. 184　　B. 219

C. 262　　D. 297

【小虎新视角】

题目问的是“该项目总成本估算”，关注的是项目所有阶段的费用、成本。

研发阶段成本比例是84%，金额是220万元。

所以，该项目总成本估算=220/84%=262(万元)

参考答案 56. (C)

57. 用德尔菲方法估算一个活动的成本，三个回合后的结果如下表所列(数值表示活动时间)，如果每小时的成本是40美元，那么可能的成本应该是(　　)美元。

	小　李	小　张	小　潘	小　冯
第一回合	25	23	16	22
第二回合	23	22	18	21
第三回合	20	21	19	20

A. 880　　B. 800

C. 100　　D. 900

【小虎新视角】

既然是专业的方法，最后的回合，越接近真相越靠谱，也就越接近成本。

第三回合活动估时的平均值是：(20+21+19+20)/4=20(小时)

每小时的成本是40美元，所以，可能的成本是：40×20=800(美元)。

知识点：德尔菲法

德尔菲法也称专家调查法，是一种采用通信方式分别将所需解决的问题单独发送到各个专家手中，征询意见，然后回收汇总全部专家的意见，并整理出综合意见。

随后将该综合意见和预测问题再分别反馈给专家，再次征询意见，各专家依据综合意见修改自己原有的意见，然后再汇总。这样多次反复，逐步取得比较一致的预测结果的决策方法。

参考答案 57.(B)

58. 项目经理小李对自己的项目采用挣值法进行分析后,发现SPI>1、CPI<1,则该项目(　　)。

A. 进度超前,成本节约　　B. 进度超前,成本超支

C. 进度延后,成本节约　　D. 进度延后,成本超支

【小虎新视角】

小虎对SPI、CPI的理解是:

SPI,S是Schedule(进度)首字母。

CPI,C是Cost(成本)首字母。

不管是SPI,还是CPI,大于1,是好事;小于1,是坏事。

对进度而言,好事,是进度超前;坏事,当然就是进度滞后。

对成本而言,好事,是成本节约;坏事,当然就是成本超支。

题干说,"SPI>1、CPI<1",依此理论,得出该项目进度超前,成本超支。

参考答案 58.(B)

59. 在项目质量计划编制过程常用的工具和技术中,(　　)是将实际实施过程中或计划之中的项目做法同其他类似项目的实际做法进行比较,改善与调高项目的质量。

A. 成本/效益分析　　B. 试验设计

C. 质量成本　　D. 基准分析

【小虎新视角】

题干没有牵涉到"成本"这两个字,所以,可以轻松排除选项A与C。

题干又说"同其他类似项目的实际做法进行比较",把某个类似项目做基准来进行分析,当然是"基准分析",见文识意。

参考答案 59.(D)

60. 以下关于软件质量控制的叙述中,正确的是(　　)。

A. 质量控制是监督并记录开发活动结果,以便评估绩效

B. 确认项目的可交付成果及工作满足主要干系人的既定要求是软件质量控制的主要作用之一

C. 质量管理计划是质量控制的输出,项目管理计划中不包括质量管理计划

D. 核实的可交付成果是质量控制的输出,同时也是确认范围过程的一项输出

【小虎新视角】

采用排除法。

选项 A 有两处错误：

(1) 不是“记录开发活动结果”，应该是“记录质量活动结果”；

(2) 不是“以便评估绩效”，应该是“以便预防质量问题而有预防措施，质量一旦发生偏差有纠正措施”。

选项 C 有两处错误：

(1)“质量管理计划是质量控制的输出”，不是“输出”，应该是“输入”；

(2) 项目管理计划中不包括质量管理计划，不是“不包括”，应该是“包括”。

选项 D 有一处错误：

“核实的可交付成果是质量控制的输出”，不是“质量控制的输出”，是“范围确认的输出”。

参考答案 60. (B)

61. 以下对项目管理和项目监理的理解中，正确的是(　　)。

A. 项目监理属于项目管理的监控过程组

B. 项目监理属于项目管理的执行过程组

C. 项目管理与项目监理是独立的两个过程，没有任何关系

D. 项目建设方和项目承建方都需要开展项目管理工作，而项目监理要由第三方负责

【小虎新视角】

项目监理贯穿于项目管理整个过程组，不单单执行过程组、监控过程组。排除 A 与 B。

选项 C，居然说“项目管理与项目监理没有任何关系”，怎么能这么说呢？太绝对化了。它们之间可是有着千丝万缕的联系哟！

参考答案 61. (D)

62～63. 某项目范围基准发生变化，经(　　)同意，对需求规格说明书进行变更，则该配置项的状态应从(　　)。

(62) A. 项目经理　　B. 技术负责人

C. 配置管理员　　D. 变更控制委员会

(63) A. “草稿”变迁为“正在修改”　　B. “正式发布”变迁为“正在修改”

C. “Check in”变迁为“Check out”　　D. “Check out”变迁为“Check in”

【小虎新视角】

(62)题：

要谁来审核，要谁来同意，当然是一个组织啦！不是某个具体人员。

那就是：变更控制委员会啰！

(63)题：

配置项的状态有三种：草稿、正式发布和正在修改。

没有Check in、Check out一说。

Check in、Check out是软件提交代码的状态。

排除选项C与D。

题干已经明确无误说了，"项目范围基准发生变化"，既然基准了，那配置项的初状态当然不是"草稿"，而是"正式发布"了，所以选择选项B。

参考答案 62.(D) 63.(B)

64. 在进行项目需求管理时，某需求的状态描述是"该需求已被分析，估计了其对项目余下部分的影响，已用一个明确的产品版本号或创建编号分配到相关的基线中，软件开发团队已同意实现该需求"，则这个需求状态值是(　　)。

A. 已建议　　B. 已验证

C. 已实现　　D. 已批准

【小虎新视角】

题干说，"该需求已被分析"，那需求状态值当然不是已建议了。

题干又说，"软件开发团队已同意实现该需求"，只是说研发团队同意去研发、去实现，并不是说该需求已经被软件开发团队实现了。

这句话的意思就是：软件开发团队已批准去实现、去实施该需求了。

需求被软件开发团队实现了，才有验证一说。

既然都没有被实现，就谈不上已验证。

所以，选择"已批准"最合适。

参考答案 64.(D)

65. 某企业软件开发人员的下列做法中，不正确的是(　　)。

A. 计划根据同行评审、阶段评审的结果建立需求、设计、产品三条基线

B. 在需求分析规格说明书通过同行评审后建立需求基线

C. 建立需求基线没有包括用户需求说明书

D. 因用户需求有变更，故依据变更控制流程修改了需求基线

【小虎新视角】

题目是选择"不正确"选项。

选项C，居然说"建立需求基线没有包括用户需求说明书"，需求基线是必须包

括用户需求说明书的，没得商量。

需求基线的“基”，即基本、基础，就体现在用户需求说明书上了。

参考答案 65.（C）

66～67. 下图中从 A 到 E 的最短路线是（ ），其长度是（ ）。

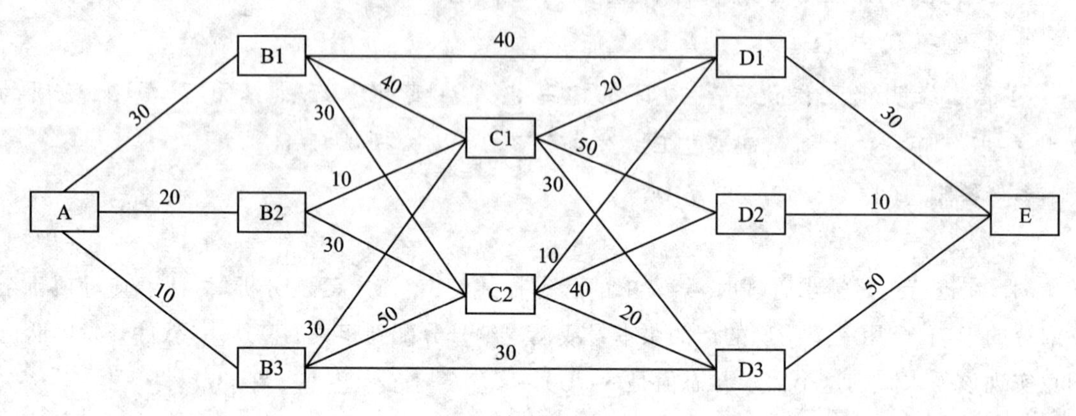

(66) A. A—B1—C1—D2—E　　B. A—B2—C1—D1—E

C. A—B3—C2—D2—E　　D. A—B2—C2—D3—E

(67) A. 70　　B. 80

C. 90　　D. 100

【小虎新视角】

求出最短路径，具体如下：

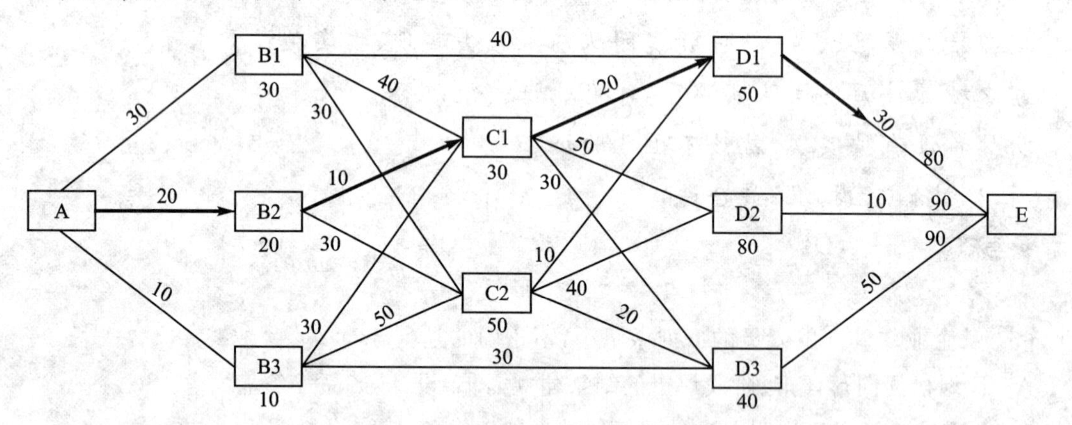

所以，最短路径是：A—B2—C1—D1—E，其长度是 80。

参考答案 66.（B）　67.（B）

68. 某工厂计划生产甲、乙两种产品，生产每套产品所需的设备台时，A、B 两种原材料，可获取利润，以及可利用资源数量如下表所列，则应按（ ）方案来安排计划，以使该工厂获利最多。

	甲	乙	可利用资源
设备/(台·时$^{-1}$)	2	3	14
A原材料/千克	8	0	16
B原材料/千克	0	3	13
利润/万元	2	3	

A. 生产甲2套,乙3套　　B. 生产甲1套,乙4套

C. 生产甲3套,乙4套　　D. 生产甲4套,乙2套

【小虎新视角】

选项C,生产甲3套,需要A原材料8×3=24千克,但可利用资源才16千克,超标了,故排除选项C。

选项D,生产甲4套就更不行了,也直接排除掉。

选项A:

需要A原材料:2×8+3×0=16(千克),在A资源可利用范围16千克之内;

需要B原材料:2×0+3×3=9(千克),在B资源可利用范围13千克之内;

利润值:2×2+3×3=13(万元)

选项B:

需要A原材料:1×8+4×0=8(千克),在A资源可利用范围16千克之内;

需要B原材料:1×0+4×3=12(千克),在B资源可利用范围13千克之内;

利润值:2×1+4×3=14(万元)

综合比较选项A与选项B,选择选项B,其利润值最大,是14万元。

参考答案 68.(B)

69. 袋子里有50个乒乓球,其中20个黄球,30个白球。现在两个人依次不放回地从袋子中取出一个球,第二个人取出黄球的概率是(　　)。

A. 1/5　　B. 3/5

C. 2/5　　D. 4/5

【小虎新视角】

分两种情况进行讨论:

(1) 第一球是白球,第二球取到的是黄球:

30/50×20/49

(2) 第一球是黄球,第二球取到是黄球:

20/50×19/49

两者相加：

30/50×20/49＋20/50×19/49＝2/5

参考答案 69.（C）

70. 某项目中多个风险的发生概率和对成本、进度、绩效的影响如下表所列，若实现成本目标为首要考虑的问题，则项目团队应处理的最关键风险是（　　）。

风　险	概　率	成　本	进　度	绩　效
A	0.1	6	8	0.5
B	0.9	2	1	8
C	0.3	2	8	1
D	0.5	4	4	8
E	0.3	2	6	1

A. A　　B. B

C. C　　D. D

【小虎新视角】

计算公式：成本×概率

风　险	概　率	成　本	成本风险值
A	0.1	6	6×0.1＝0.6
B	0.9	2	2×0.9＝1.8
C	0.3	2	2×0.3＝0.6
D	0.5	4	4×0.5＝2.0
E	0.3	2	2×0.3＝0.6

最关键的风险，就是成本风险值最大，风险D的值最大，是2.0。

参考答案 70.（D）

2015 玩兴正酣

未来之路在脚下，延伸开来。

2015年信息系统项目管理师考试试题与讲解

2015年上半年信息系统项目管理师考试上午试题讲解

1. 以下关于大数据的叙述中，(　　)是不正确的。

A. 大数据不仅是技术，更是思维方式、发展战略和商业模式

B. 缺少数据资源和数据思维，对产业的未来发展会有严重影响

C. 企业的价值与其数据资产的规模、活性、解释并运用数据的能力密切相关

D. 大数据中，各数据价值之和远远大于数据之和的价值

【小虎新视角】

比较“数据价值之和”“数据之和的价值”孰大孰小，看似是一个文字游戏，但要抓住的是：针对数据，是先求价值再求和，还是先求和再求价值。抓住了这一点就能理解软考出题人的良苦用心了。

亲，你是不是会心一笑了？因为你揣摩出了出题人的心思，知道了他的秘密。

参考答案　1.（D）

2. 自从第一台电子计算机问世以来，信息系统经历了由低级到高级，由单机到网络，由数据处理到智能处理，由集中式计算到云计算的发展历程。以下关于云计算的叙述中，(　　)是不正确的。

A. 云计算凭借数量庞大的云服务器为用户提供远超单台服务器的处理能力

B. 云计算支持用户在任意位置获取应用服务，用户不必考虑应用的具体位置

C. 云计算的扩展性低，一旦需要扩展，需要重新构建全部数据模型

D. 云计算可以构造不同的应用，同一个“云”可以同时支撑不同的应用运行

【小虎新视角】

媒体、电视、专业杂志天天讲云计算，专家学者也出来讲。肯定是说云计算好呗！技术先进呗！技术领先呗！

选项C，说云计算的扩展性低，是啥档子事，这不是给云计算抹黑吗？

云计算讲的就是网络，网络设计很重要的一点就是易扩展，扩展性强。

参考答案　2.（C）

3. 以下关于移动互联网发展趋势的叙述中，(　　)是不正确的。

A. 移动互联网与PC互联网协调发展，共同服务经济社会

B. 移动互联网与传统行业融合，衍生新的应用模式

C. 随着移动设备的普及，移动互联网将逐步替代PC互联网

D. 移动互联网对用户的服务将更广泛，更智能，更便捷

【小虎新视角】

咬文嚼字。

关键词语：选项C中的“替代PC互联网”。这个就说得有点过火了，玩大了。

移动互联网有自己的优势，便携、方便；但是PC互联网，也有自己的优势，如屏幕大，便于操作，易于办公。

两者之间不是替代关系，而是和谐共生。

参考答案 3.（C）

4. 许多企业在信息化建设过程中出现了诸多问题，如：信息孤岛多，信息不一致，难以整合共享，各应用系统之间、企业上下级之间、企业与上下游伙伴之间业务难以协同，信息系统难以适应快捷的业务变化等。为解决这些问题，企业信息化建设采用（　　）架构已是流行趋势。

A. 面向过程　　B. 面向对象

C. 面向服务　　D. 面向组件

【小虎新视角】

面向过程，是20世纪80年代最火热的技术。

面向对象，是20世纪90年代最流行的技术。

面向组件，是2000年时最符合潮流的技术。

面向服务，是互联网火热之后，也就是2000年WebService出现之后兴起的一个新技术，也是一个新的技术架构。

参考答案 4.（C）

5. 职业道德是所有从业人员在职业活动中应该遵循的行为准则，涵盖了从业人员与服务对象，职业与职工，职业与职业之间的关系。以下违背信息系统项目管理师职业道德规范要求的是（　　）。

A. 遵守项目管理规程

B. 建立信息安全保护制度，并严格执行

C. 不泄漏未公开的业务和技术工艺

D. 提高工时和费用估算

【小虎新视角】

题目问题的关键词是：违背职业道德。

选项A、B、C说的都是遵守，故都不能选。

审题，审题，再审题，题目要求我们选什么，是违背，还是遵守。

参考答案 5.（D）

6. 软件需求包括三个不同的层次：业务需求、用户需求和功能需求。其中业务需求（　）。

A. 反映了组织结构或客户对系统、产品高层次的目标要求。在项目视图与范围文档中予以说明

B. 描述了用户使用产品必须要完成的任务，在使用实例文档或方案脚本说明中予以说明

C. 定义了开发人员必须实现的软件功能

D. 描述了系统展现给用户的行为和执行的操作等

【小虎新视角】

题目中说：软件需求包括三个不同的层次：

（1）业务需求；

（2）用户需求；

（3）功能需求。

选项A，说的就是业务需求。

选项B与D，讲的是用户需求。

选项C，讲的是功能需求。

A、B、C、D四个选项，就是根据题干来设计的。只要注意区别四个选项对应题干的哪一部分即可。

参考答案 6.（A）

7. MVC是模型-视图-控制器架构模式的缩写，以下关于MVC的叙述中，（　）是不正确的。

A. 视图是用户看到并与之交互的界面

B. 模型表示企业数据和业务规则

C. 使用MVC的目的是将M和V的代码分离，从而使同一个程序可以具有不同的表现形式

D. MVC强制性地使应用程序的输入、处理和输出紧密结合

【小虎新视角】

题目问的是哪个是不正确的。

注意选项D。

D. MVC强制性地使应用程序的输入、处理和输出紧密结合。

软件设计讲究"高内聚、松耦合",也就是:模板(或者类)内高度紧密,模块(或者类)之间高度松散,耦合性强。

应用程序的输入、处理和输出,讲的当然是模块、类之间的事情。

设计模式,讲的是类之间如何解耦,不是如何紧密结合,而是如何耦合性强。

参考答案 7.(D)

8. 在软件系统的生命周期中,软件度量包括3个维度,即项目度量、产品度量和(　　)

A. 用户度量　　B. 过程度量

C. 应用度量　　D. 绩效度量

【小虎新视角】

软件度量贯穿整个软件开发生命周期,是软件开发过程中进行理解、预测、评估、控制和改善的重要载体。

软件质量度量建立在度量数学理论基础之上。软件度量包括3个维度,即项目度量、产品度量和过程度量。

参考答案 8.(B)

9. 根据GB/T 12504—90《计算机软件质量保证计划规范》,为了确保软件的实现满足要求,至少需要下列基本文档(　　)。

① 项目实施计划　　② 软件需求规格说明书　　③ 软件验证与确认计划

④ 项目进展报表　　⑤ 软件验证与确认报告　　⑥ 用户文档

A. ①②③④⑤　　B. ②③④⑤

C. ②③④⑤⑥　　D. ②③⑤⑥

【小虎新视角】

题目问的是至少,题干提供了6个选项,选项A和C中都是5项,有点多了。

选项B、D的差异就是:到底是项目进度报表,还是用户文档。

题干讲的是:质量保证,即项目质量管理,而项目进度报表说的是项目进度管理。可见选项B与题干不是很沾边。

题干中说"为了确保软件的实现满足要求",说的是"满足用户要求",所以,选"用户文档"更合适。

参考答案 9.(D)

10. 软件测试是为评价和改进产品质量,识别产品的缺陷和问题而进行的活动,以下关于软件测试的叙述中,(　　)是不正确的。

A. 软件测试是软件开发中一个重要的环节

B. 软件测试被认为是一种应该包括在整个开发和维护过程中的活动

C. 软件测试是在有限测试用例集合上,静态验证软件是否达到预期的行为

D. 软件测试是检查预防措施是否有效的主要手段,也是识别由于某种原因预防措施无效而产生错误的主要手段

【小虎新视角】

可用排除法解本题。

有静态验证,就必然有动态验证。

选项C中,"静态验证"不正确,动态验证更合理。

参考答案 10.(C)

11. 除了测试程序之外,黑盒测试还适用于测试(　　)阶段的软件文档。

A. 编码　　B. 总体设计

C. 软件需求分析　　D. 数据库设计

【小虎新视角】

小伙伴们都知道:一般软件开发,都有需求分析、设计与编码、测试、部署安装、维护这几个阶段。

选项A、B、D都是设计与编码阶段。

既然选项A、B、D可以归纳到一类,就只能选择选项C了。

参考答案 11.(C)

12.(　　)是软件系统结构中各个模块之间相互联系紧密程度的一种度量。

A. 内聚性　　B. 耦合性

C. 层次性　　D. 关联性

【小虎新视角】

模块之间是耦合性,模块内部是内聚性。

参考答案 12.(B)

13. 配置管理是软件生命周期中的重要控制过程,在软件开发过程中扮演着重要的角色,根据GB/T 11457—2006《软件工程术语》的描述,以下关于配置管理基线的叙述中,(　　)是不正确的。

A. 配置管理基线包括功能基线,即最初通过的功能的配置

B. 配置管理基线包括分配基线,即最初通过的分配的配置

C. 配置管理基线包括产品基线，即最初通过的或有条件通过的产品的配置

D. 配置管理基线包括时间基线，即最初通过的时间的安排

【小虎新视角】

功能基线，给软件开发人员提供的最初功能；

配置管理，给配置管理员提供的；

产品基线，给用户提供的最初产品。

理解了这3点，选出D项就不难了。

参考答案 13.（D）

14. 软件可靠性和可维护性测试评审时，不用考虑的是（　　）。

A. 针对可靠性和可维护性的测试目标

B. 测试方法及测试用例

C. 测试工具、通过标准

D. 功能测试报告

【小虎新视角】

关键词，关于“软件可靠性和可维护性测试评审”，当然要考虑测试目标、测试方法、测试工具、验收标准了。

软件可靠性和可维护性测试，都是非功能性测试。而选项D却说“功能测试报告”，这就有点离题万里了。

参考答案 14.（D）

15. 信息系统安全风险评估是通过数字化的资产评估准则完成的，它通常会覆盖人员安全、人员信息、公共秩序等方面的各个要素，以下不会被覆盖的要素是（　　）。

A. 立法及规章未确定的义务

B. 金融损失或对业务活动的干扰

C. 信誉的损失

D. 商业及经济的利益

【小虎新视角】

题干中说，“通过数字化的资产评估”，选项B的“金融”、选项C的“信誉”、选项D的“商业及经济的利益”都可以看作是对资产的说明、阐述。

参考答案 15.（A）

16. 信息系统安全可以分为5个层面的安全要求，包括：物理、网络、主机、应用、数据及其

备份恢复,“当检测到攻击行为时,记录攻击源 IP、攻击类型、攻击目的、攻击时间,在发生严重入侵事件时应提供报警”属于(　　)层面的要求。

A. 物理　　　　B. 网络

C. 主机　　　　D. 应用

【小虎新视角】

题干中有“记录攻击源 IP”,看到 IP,就应联想到网络。

参考答案　16.(B)

17. 访问控制是为了限制访问主体对访问客体的访问权限,从而使计算机系统在合法范围内使用的安全措施,以下关于访问控制的叙述中,(　　)是不正确的。

A. 访问控制包括 2 个重要的过程:鉴别和授权

B. 访问控制机制分为 2 种:强制访问控制(MAC)和自主访问控制(DAC)

C. RBAC 基于角色的访问控制比 DAC 的先进处在于用户可以自主将访问的权限授给其他用户

D. RBAC 不是基于多级安全需求的,因为基于 RBAC 的系统中主要关心的是保护信息的完整性

【小虎新视角】

选项 C 说“RBAC 基于角色的访问控制比 DAC 的先进处在于用户可以自主将访问的权限授给其他用户”。

用户都可以自主地将访问权限授权给其他用户了,还用管理员吗?再说了,如果这样的话,得到授权的用户是不是也可以自主将访问的权限授给另外的用户呢?

深思极恐。

参考答案　17.(C)

18. 以下关于信息系统运维的叙述中,(　　)是不正确的。

A. 一般而言,在信息系统运维过程中,会有较大比例的成本或资源投入

B. 高效运维离不开管理平台,需要依靠管理与工具及其合理的配合

C. 运维管理平台使运维自动化、操作化,降低了对运维人员的技术要求

D. 运维的目的是保障系统正常运行,要重视效率与客户满意度的平衡

【小虎新视角】

解本题可用排除法。

运维管理平台使运维自动化、操作化,并没有降低运维人员的技术要求。

单单说一下：运维自动化失灵了，运维工程师就要掌握运维自动化的这一套技术，明白平台是如何达成运维自动化的。在小虎老师看来，这就已经提高了对运维人员的技术要求。

参考答案 18. (C)

19. 按照网络分级设计模型，通常把网络设计分为 3 层，即核心层、汇聚层和接入层。以下叙述中，(　　)是不正确的。

A. 核心层承担访问控制列表检查功能

B. 汇聚层实现网络的访问策略控制

C. 工作组服务器放置在接入层

D. 在接入层可以使用集线器代替交换机

【小虎新视角】

选项 A、B 都是讲访问控制。

汇聚层：既然数据、流量已经汇聚到一起了，当然它的作用就是使那些数据可以进入核心层，不被过滤掉。也就是，汇聚层的访问控制策略、访问控制列表这些技术了。

核心层，讲的是如何尽快、更优、可靠地传输数据呗！

核心层不管访问控制哟！

每一层，都有自己的职责，项目管理也讲职责分明。

参考答案 19. (A)

20. 域名服务器上存储有 Internet 主机的(　　)。

A. MAC 地址与主机名

B. IP 地址与域名

C. IP 地址与访问路径

D. IP 地址、域名与 MAC 地址

【小虎新视角】

域名服务器，就是将域名与 IP 地址相互映射，用户只需要记住域名就好了，不用记住单调枯燥的 IP 地址。

参考答案 20. (B)

21. 一般而言，大型软件系统中实现数据压缩功能，工作在 OSI 参考模型的(　　)。

A. 应用层

B. 表示层

C. 会话层

D. 网络层

【小虎新视角】

题干中的关键信息是“数据压缩”，说它是会话、网络，都有点扯。

数据都压缩了,说是工作在应用层,不靠谱。

关键词语:“数据”。“数据表示”的说法也很常见哟!

参考答案 21.(B)

22.(　　)是与IP协议同层的协议,可用于互联网上的路由器报告差错或提供有关意外情况的信息。

A. IGMP　　B. ICMP

C. RARP　　D. ARP

【小虎新视角】

IP协议同层的协议,不就是说网络层协议吗?

RARP与ARP是数据链路层协议,所以可排除选项C、D。

ICMP:(Internet Control Message Protocol) Internet控制报文协议,它是TCP/IP协议族的一个子协议,用于在IP主机、路由器之间传递控制消息。

控制消息是指网络通不通、主机是否可达、路由是否可用等网络本身的消息。这些控制消息虽然并不传输用户数据,但是对于用户数据的传递起着重要的作用。

参考答案 22.(B)

23. 在以太网中,双绞线使用(　　)接口与其他网络设备连接。

A. RJ－11　　B. RJ－45

C. LC　　D. MAC

【小虎新视角】

网络基础信息,还是要知道一点的。

双绞线使用RJ－45接口与其他网络设备连接。

RJ－45是布线系统中的信息插座(即通信引出端)连接器的一种,连接器由插头(接头、水晶头)和插座(模块)组成。

计算机传输网络的RJ－45是标准8位模块化接口的俗称。

RJ－11是电话线连接接口。

LC、ST、SC、MTRJ都是光纤接口。

MAC是网络设备地址。

参考答案 23.(B)

24. 综合布线系统中用于连接两幢建筑物的子系统是(　　)。

A. 网络管理子系统　　B. 设备间子系统

C. 建筑群子系统　　D. 主干线子系统

【小虎新视角】

题干中说："连接两幢建筑物"，当然就是建筑群子系统啦！

参考答案 24.（C）

25. 以下关于面向对象的叙述中，（　　）是不正确的。

A. 通过消息传递，各个对象之间实现通信

B. 每个对象都属于特定的类

C. 面向对象软件开发可以实现代码的重用

D. 一个对象可以是两个以上类的实例

【小虎新视角】

题目要求的是选出不正确的项。

B、D两个选项是互斥的。

选B项就不能选D项；选了D项就不能选B项。

做过研发的都知道：类的实例是对象，一个对象只能是一个类的实例，不能是两个类或者两个以上类的实例。

参考答案 25.（D）

26. 组件是软件系统中可替换的、物理的组成部件，它封装了实现体，并提供了一组（　　）的实现方法。

A. 所有的属性和操作　　B. 接口

C. 实现体　　D. 一些协作的类的集合

【小虎新视角】

方法一：

组件与接口，不分家。

方法二：

选项A中的"操作"与题干中的"实现方法"，也是语义重复。

排除A项。

题干中说了"它封装了实现体"，选项C又说，语义重复，啰嗦。

由此排除选项C。

若选D项，则构成"一组一些协作的类的集合的实现方法"，语句不通顺，故可排除。

参考答案 26.(B)

27. 以下关于UML的叙述中,(　　)是正确的。

A. UML是一种标准的图形化建模语言

B. UML是一种可视化的程序设计语言

C. UML是一种开发工具的规格说明

D. UML是程序设计方法的描述

【小虎新视角】

UML中的M是Model建模的缩写。

UML是一种可视化的建模语言,不是程序设计语言。

先建模设计,后程序设计。

建模是建模,程序是程序。

参考答案 27.(A)

28～29. 乙公司中标承接了甲机构的网络工程集成项目,在合同中约定了因不可抗力因素导致工期延误免责的条款,其中不会被甲机构认可的不可抗力因素是(　　),合同约定,甲乙双方一旦出现分歧,在协商不成时,可提交到相关机构裁定,一般优先选择的裁定机构是(　　)。

(28) A. 施工现场遭遇长时间雷雨天气

B. 物流公司车辆遭遇车祸

C. 乙方施工队领导遭遇意外情况

D. 施工现场长时间停电

(29) A. 甲机构所在地的仲裁委员会

B. 乙公司所在地的仲裁委员会

C. 甲机构所在地的人民法院

D. 乙公司所在地的人民法院

【小虎新视角】

(28)题目问的是不会被甲机构认可的不可抗力因素是什么。

我们常说天灾人祸是不可抗拒的因素。

选项A中的"长时间雷雨天气",就是天灾;

选项B中的"物流公司车辆遭遇车祸",就是人祸;

选项C,"乙方施工队领导遭遇意外情况",这是一种管理风险,乙方应该有预案,出现了这种情况,有替补的领导,跟上即可。

(29) 有仲裁委员会和法院。

找法院，走法律途径，进行诉讼，是最后一步。

一般都是先仲裁，就是找仲裁委员会，再找法院。

仲裁时到底是找甲方的仲裁委员会，还是乙方的仲裁委员会呢？

譬如：小虎的公司在西藏，找了家深圳的网络公司，来做这个网络工程集成项目。

出现这种问题，是去深圳的仲裁委员会，还是找西藏的仲裁委员会呢？

当然是找西藏的仲裁委员会啦——找甲方的所在地的仲裁委员会。

参考答案 28.（C） 29.（A）

30.（ ）属于评标依据。

A. 招标文件 B. 企业法人营业执照复印件

C. 公司业绩 D. 施工组织设计

【小虎新视角】

既然说的是评标依据，那么关键字肯定是“标”。

答案当然就是：招标文件。

参考答案 30.（A）

31. 项目整体管理要综合考虑项目各个相关过程，围绕整体管理特点，以下说法中，（ ）是不正确的。

A. 项目的各个目标和方案可能是冲突的，项目经理要进行统一权衡

B. 项目经理要解决好过程之间的重叠部分的职责问题

C. 对项目中可能不需要的过程，项目经理就不用考虑

D. 项目经理要把项目的可交付物与公司的运营结合起来

【小虎新视角】

项目中可能不需要的过程，并不代表项目就不考虑。题干说的是“可能不需要”，强调“可能”。

可能需要的过程也可能带来项目的风险和问题，从风险管理的层面考虑，项目经理是要考虑的，题干也说了“要综合考虑项目各个相关过程”。所以，选项C不正确。

参考答案 31.（C）

32.（ ）不是影响制定项目章程过程的环境和组织因素。

A. 政府或行业标准 B. 组织的基础设施

C. 市场条件　　　　D. 合同

【小虎新视角】

题干说:“环境和组织因素”。

政府,就是最大组织,所以,可排除选项 A。

选项 B,“组织的基础设施”,有“组织”两个字,也排除。

选项 C,市场条件,当然属于环境因素。我们不是经常说“市场经济环境”吗?

所以只好选择选项 D。

参考答案　32.(D)

33. 项目管理过程可以划分为项目启动、制订项目计划、指导和管理项目执行、监督和控制项目工作、项目收尾五个过程组。(　　)属于指导和管理项目执行过程组。

A. 建立 WBS 和 WBS 字典　　　　B. 活动排序

C. 项目质量保证　　　　D. 管理项目团队

【小虎新视角】

亲爱的考友,学员,一定要记住:质量保证,属于执行过程组。

这个知识点经常考,且常考不衰。

如何记忆呢?

在项目的执行过程中,来保证质量。

提醒一下:建立 WBS 和 WBS 字典、活动排序,都属于计划过程组;团队管理属于监督和控制过程组。

参考答案　33.(C)

34. 当(　　)时,要正式通过变更审批。

A. 0.7 版的项目管理计划调整

B. 某活动在自由时差内的进度调整

C. 某活动负责人要求进度提前

D. 项目经理安排一次临时加班

【小虎新视角】

选项 A,管理计划调整,就是进度计划调整吗?

选项 B,既然是自由时差,当然是在进度可控范围啦!

选项 D,临时加班,关键是“临时”,何须“正式通过变更审批”?

参考答案　34.(C)

35. 某项目由A、B、C、D、E五个活动构成，完成各活动工作所需要的最可能时间Tm、最乐观时间To、最悲观时间Tp见下表：

	Tm	To	Tp
A	3	1	7
B	5	2	10
C	6	3	13
D	7	3	15
E	10	6	20

各活动之间的信赖关系如下：

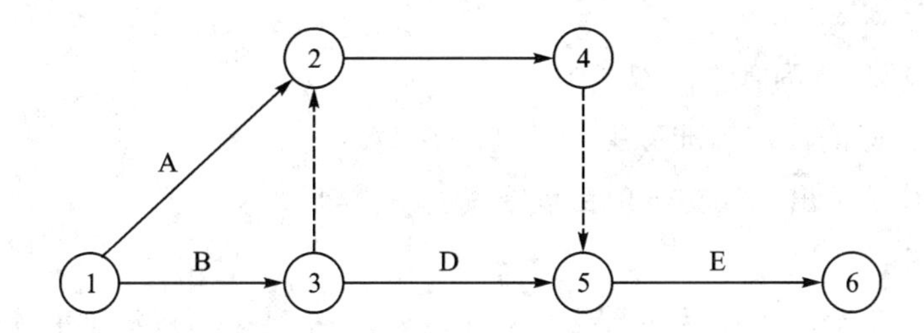

则该项目工期的估算结果约为(　　)天。

A. 22　　B. 23

C. 24　　D. 25

【小虎新视角】

知识点：

三点估算法

活动历时均值(期望工期)=(最悲观时间+最可能时间×4+最乐观时间)/6

即：

活动时间=(Tp+To×4+Tp)/6

第一步：计算各个活动的时间

活　动	计算公式	活动时间
A	(3×4+1+7)/6	10/3
B	(5×4+2+10)/6	16/3
C	(6×4+3+13) /6	20/3
D	(7×4+3+15)/6	23/3
E	(10×4+6+20)/6	33/3

第二步：找出关键路径

求关键路径就是找最长的路径。

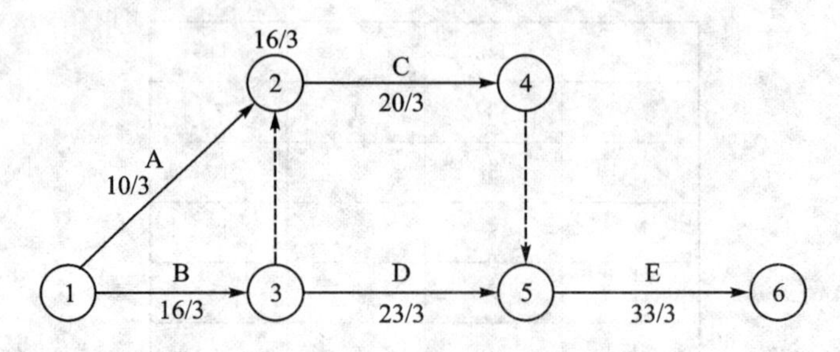

关键路径是 BDE，总工期：(16＋23＋33)/3＝39/3＋11＝13＋11＝24(天)。

参考答案 35. (C)

36. 以下关于项目范围管理的叙述中，(　　)是不正确的。

A. 一般项目目标的设定标准可用一个单词 SMART 来表达

B. 项目目标开始是出现在初步项目范围说明书里，后来被定义并最终归结到项目范围说明书里

C. 范围定义过程给出了项目和产品的详细描述，并把结果写进详细的项目范围说明书

D. 范围确认也被称为范围核实，它的目的是核实工作结果的正确与否，应该贯穿项目始终

【小虎新视角】

质量控制才是核实工作结果的正确与否。

范围确认，确认的是工作结果是否可以接受的问题，也就是说，工作成果在不在接受的范围之内。

参考答案 36. (D)

37. 项目经理和项目团队成员需要掌握专门的知识和技能才能较好地管理信息系统项目，以下叙述不正确的是(　　)。

A. 为便于沟通和管理，项目经理和项目组成员都要精通项目管理相关知识

B. 项目经理要整合项目团队成员知识，使团队知识结构满足项目要求

C. 项目经理不仅要掌握项目管理 9 个知识领域的纲要，还要具备相当水平的信息系统知识

D. 项目经理无需掌握项目所有的技术细节

【小虎新视角】

注意选项 A，“项目经理和项目组成员都要精通项目管理相关知识”。

项目组成员，范围搞大了。

精通，搞深了。

要项目组成员都精通项目管理相关知识”，几乎不可能，实现成本也太大。在现实的项目管理中，都是术业有专攻，项目组成员，负责好自己的“一亩三分地”，履行自己的岗位职责即可。

参考答案 37.（A）

38. 某待开发的信息系统工作分解结构图如下图，其中标有“(38)”的方框应该填入的内容是（ ）。

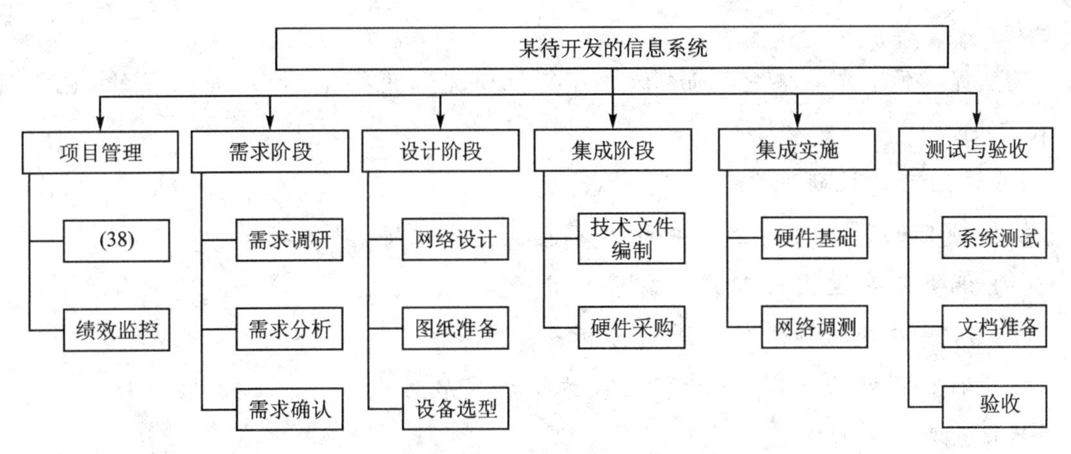

A. 同行评审　　B. 计划评审

C. 项目计划制订　　D. 集成方案制定

【小虎新视角】

制订计划是项目管理活动的基础和开始。

选C项“项目计划制订”，跟A、B、D这3个选项相比较而言，再合适不过了。

参考答案 38.（C）

39. 制订合理的实施进度计划、设计合理的组织结构、选择经验丰富的管理人员、建立良好的协作关系、制订合适的培训计划等内容属于信息系统集成项目的可行性研究中（ ）研究的内容。

A. 经济及风险可行性　　B. 社会可行性

C. 组织可行性　　D. 财务可行性

【小虎新视角】

题干中说到“组织结构”，有“组织”二字，还有管理人员。故应选C项。

此外，题干中讲钱了吗？讲风险了吗？都没有。所以，比较容易排除选项A、D。

参考答案 39.(C)

40. 确定信息系统集成项目的需求是项目成功实施的保证,项目需求确定属于(   )的内容。

A. 初步可行性研究　　B. 范围说明书

C. 项目范围基准　　D. 详细可行性研究

【小虎新视角】

范围说明书,项目范围基准都是基于项目需求推演出来的。所以,选项B、C不合适。

既然是"项目需求确定",而"初步可行性研究",说得很明白,是初步的,也就确定不下来。

选"详细可行性研究"最好。

软件项目的详细可行性研究的内容包括需求确定,具体有:

(1) 调查研究国内外客户的需求情况;

(2) 对国内外的技术趋势进行分析;

(3) 确定项目的规模、目标、产品、方案和发展方向。

参考答案 40.(D)

41.(   )一般不属于项目绩效报告的内容。

A. 团队成员考核　　B. 项目预测

C. 项目主要效益　　D. 变更请求

【小虎新视角】

方法一:

题干问的是:项目绩效报告的内容。

选项C:讲绩效当然要说项目的主要效益;

讲了效益,讲了成绩,就会对未来做出一些预测,所以选项B也正确。

绩效分析了,也会带来需求上的一些变更,因此变更请求就再正常不过了。

方法二:

绩效报告属于沟通管理的范畴。

团队成员考核属于人力资源管理的范畴。

知道了这一点,也很好判断选项A不正确。

参考答案 41.(A)

42. 某企业有一投资方案，每天生产某种设备1500台，生成成本每台700元，预计售价每台1800元，估算投资额为800万元，该投资方案寿命为7年，假设年产量，每台售价和投资额均有可能在±20%的范围内变动，就这三个不确定因素对投资回收期的敏感性分析得到了下表中的部分投资回收期数据(空缺部分尚未计算)，根据投资回收期的计算结果可知，这三个不确定性因素中，(　　)是高风险因素(可能导致投资风险)。

	+20%	+10%	0	−10%	−20%
年产量	4.04	4.41	4.85	5.39	
每台售价	3.65	4.17	4.85	5.80	
投资额	5.82	5.33	4.85	4.36	

A. 年产量　　B. 每台售价
C. 投资额　　D. 全部

【小虎新视角】

从题干信息可以计算出：

0%变动以及20%最大范围的变动。然后，做比较。

年产量最大差值：4.85−4.04＝0.81

每台售价最大差值：4.85−3.65＝1.2

投资额最大差值：4.85−5.82＝−0.97

按照风险分析原则，差值越大，则风险越大，每台售价的变化导致的投资回收期变化最大，故单台售价是最大风险因素。

参考答案　42. (B)

43. 在软件项目开发过程中，评估软件项目风险时，一般不考虑(　　)。

A. 高级管理人员是否正式承诺支持该项目

B. 开发人员和用户是否充分理解系统的需求

C. 最终用户是否同意部署已开发的系统

D. 开发需要的资金是否能按时到位

【小虎新视角】

题目问的是“开发过程中”一般不考虑什么。

选项C却说：“最终用户是否同意部署已开发的系统”，而这是在市场调研阶段就需要做的事情。

所以，选项C当然不是开发过程中，需要考虑的风险啦！

参考答案　43. (C)

44.（　　）提供了一种结构化方法以便使风险识别的过程系统化、全面化，保证组织能够在一个统一的框架下进行风险识别，目的是提高风险识别的质量和有效性。

A. 风险影响力评估　　B. 风险类别

C. 风险概率分析　　D. 风险管理的角色界定

【小虎新视角】

这是一道概念定义题。

题干中，没有哪儿体现“影响力”和“评估”这些字眼，满篇都是关于风险识别的内容，故排除选项A。

题干中，没有哪儿体现“概率”二字，故排除选项C。

题干中，没有哪儿体现“风险管理的角色界定”二字，故排除选项D。

参考答案　44.（B）

45. 按优先级或相对等级排列项目风险，属于（　　）的输出。

A. 定性风险分析　　B. 定量风险分析

C. 风险管理计划　　D. 风险监视表

【小虎新视角】

没有“风险监视表”这一过程，没有过程，何谈输出？故排除选项D。

要对项目风险进行排序了，说明已经识别出了项目风险，早就过了计划阶段，故排除选项C。

题干说按“优先级排列项目风险”，譬如按“风险很高”“风险高”“风险一般”“风险低”排序，说明还没有具体精细量化，故排除选项B。

参考答案　45.（A）

46. 以下内容中，（　　）是采购计划编制的工具与技术。

① 专家判断　　② 项目范围说明书　　③ 自制/外购分析

④ 项目章程　　⑤ 合同类型

A. ①②③　　B. ①③⑤

C. ①②③④　　D. ②③④⑤

【小虎新视角】

项目管理过程有输入、输出以及工具与技术这3部分内容。

项目范围说明书，是输入，故排除选项A、C、D。

项目范围说明书是项目计划（如：采购计划编制、质量计划、成本计划等）的输入。

参考答案 46.(B)

47. 某公司按总价合同方式约定订购3000米高规格的铜缆，由于建设单位原因，工期暂停了半个月，待恢复施工后，承建单位以近期铜价上涨为理由，要求建设单位赔偿购买电缆增加的费用，并要求适当延长工期，以下说法中，(　　)是正确的。

A. 建设单位应该赔偿承建单位采购电缆增加的费用

B. 监理单位应该保护承建单位的合法利益，因此应该支持承建单位的索赔要求

C. 索赔是合同双方利益的体现，可以使项目造价更趋于合理

D. 铜价上涨是承建单位应承担的项目风险，不应该要求赔偿费用

【小虎新视角】

题干说到"总价合同"。

总价合同，就是总价价格固定的合同。

知道了这一点，问题就迎刃而解了。

既然签订的是"总价价格固定的合同"，铜价上涨是承建单位应承担的项目风险，不应该要求赔偿费用，顺理成章，合情合理的。

参考答案 47.(D)

48. 以下关于合同收尾的叙述中，(　　)是不正确的。

A. 在合同收尾前的任何时候，只要在合同变更控制条款下经双方同意都可以对合同进行修订

B. 合同收尾包括项目验收和管理收尾

C. 提前终止合同是合同收尾的一种特例

D. 合同收尾的工具包括合同收尾过程，过程审计，记录管理系统

【小虎新视角】

项目管理中，过程是过程，工具是工具，这是两码事、两个范畴。

选项D，说合同收尾的工具，就有问题，就不对，属概念不分。

参考答案 48.(D)

49. 以下关于外包及外包管理的叙述中，(　　)是不正确的。

A. 外包是企业利用外部的专业资源为己服务，从而达到降低成本、提高效率、充分发挥自身核心竞争力的一种商业模式

B. 软件外包管理的总目标是用强有力的手段来管理同时进行的众多外包项目，满足进度、质量、成本的要求

C. 承包商是软件外包部分的第一责任人，故质量保证活动应由承包商独立完成

D. 委托方要根据合同的承诺跟踪承包商实际完成情况和成果

【小虎新视角】

选项C,第一部分“承包商是软件外包部分的第一责任人”说得没错,但“质量保证活动应由承包商独立完成”,感觉就不是那么回事了——干活的是承包商,质量保证活儿也是他,都他一肩挑,这不符合现代执行和监管分离的管理原则。

因为,我们知道,执行与监督,最好由两个不同的主体来承担,不能一个人既当运动员,又当裁判。

既然说到承包商,那么还应说说软件外包还有委托方。委托方有项目监管的责任,配合承包方来进行需求跟踪、质量评审等质量保证活动。

参考答案 49.(C)

50. 项目选择和项目优先级排序是项目组合管理的重要内容,其中( )不属于结构化的项目选择和优先级排序的方法。

A. DIPP分析　　　　B. 期望货币值

C. 财务分析　　　　D. 决策表技术

【小虎新视角】

结构化的项目选择和优先级排序的方法有:决策表技术、财务分析和DIPP分析。

期望货币价值,具体是为了确定一项投机的期望货币价值,计算每一种可能出现的结果的货币收益(或损失)与其出现的概率相乘以后的和。

参考答案 50.(B)

51. 某企业成立项目管理办公室用于运维项目群的统一管理协调和监控,项目管理办公室( )做法是不可行的。

A. 建立项目人员的储备机制为各项目提供人员应急服务

B. 建立项目管理的知识库,为各项目提供知识支持

C. 成立一个监理公司负责对各项目进行监督管理

D. 建立运维运行管理工具平台对运维项目统一管理

【小虎新视角】

监理公司,是第三方,独立的第三方,与被监理项目施工单位、材料供应商不得存在隶属关系和其他利害关系。

企业成立项目管理办公室,两者间就是隶属关系,显然不合适。

参考答案 51.(C)

52. 在大型复杂项目计划过程中，建立统一的项目过程将提高项目之间的协作效率，有力地保证项目质量。这就要求在项目团队内部建立一个体系，一般来说，统一的项目过程不包括(　　)。

A. 制定过程　　　　B. 监督过程

C. 优化过程　　　　D. 执行过程

【小虎新视角】

制定、执行和监督是三大过程。

参考答案　52. (C)

53. 项目经理有责任处理项目过程中发生的冲突，以下解决方法中，(　　)会使冲突的双方最满意，也是冲突管理最有效的一种方法。

A. 双方沟通，积极分析，选择合适的方案来解决问题

B. 双方各做出一些让步，寻求一种折中的方案来解决问题

C. 将眼前的问题搁置，等待合适的时机再进行处理

D. 冲突的双方各提出自己的方案，最终听从项目经理的决策

【小虎新视角】

最有效的方法当然是解决问题。

所以，答案从选项A和B中进行选择。

要沟通，态度积极，积极分析，选择合适方案。

满满的正能量。非A莫属。

参考答案　53. (A)

54. 流程管理是企业管理的一个重要内容，一般来说流程管理不包括(　　)。

A. 管理流程　　　　B. 操作流程

C. 支持流程　　　　D. 改进流程

【小虎新视角】

改进流程，属于精益求精，一般流程管理当然就不包括了。

一般流程管理，包含大众化、最基本的流程，如：管理流程、操作流程和支持流程。

参考答案　54. (D)

55. 对项目进行审计是项目绩效评估的重要内容，以下关于项目绩效评估和审计的叙述中，(　　)是不正确的。

A. 绩效审计是经济审计、效率审计、效果审计的合称

B. 按审计时间分为事前审计、事中审计和事后审计

C. 项目绩效评估主要通过定性对比分析，对项目运营效益进行综合评判

D. 绩效评估以授权或委托的形式让独立的机构或个人来进行就是绩效审计

【小虎新视角】

既然是项目绩效评估，选项C“项目绩效评估主要通过定性对比分析”就不正确。

当然是定量定性对比分析。有定性，就有定量哟！

学过项目管理的都知道，有定性风险分析、定量风险分析，定量更权威，更科学。

参考答案 55.（C）

56. 某项目计划投资1000万元，经过估算，投产后每年的净收益为200万元，则该项目的静态投资回收期为5年，如果考虑到资金的时间价值，假设贴现率为10%，那么该项目的动态投资回收期（　　）。

A. 小于5年　　B. 大于5年，小于6年

C. 大于6年，小于7年　　D. 大于7年

【小虎新视角】

方法一：毛估法

1年10%的利息，1年挣100万利息，要10年才能挣回来，不算利息再增值。

1年13%的利息，1年挣130万利息，要7.8年才能挣回来，不算利息再增值。

大于7年。选项D正确。

方法二：公式法

计算公式：$Pn = PV(1+r)^n$

其中，第n年利润值为Pn， PV为净现值，r为贴现率，n为年份数。

每年的利润值都是200万元，所以Pn都是200万元。

第1年净现值：$200/(1+10\%)^1 = 181.8$

第2年净现值：$200/(1+10\%)^2 = 165.3$

第3年净现值：$200/(1+10\%)^3 = 150.3$

第4年净现值：$200/(1+10\%)^4 = 136.6$

第5年净现值：$200/(1+10\%)^5 = 124.2$

第6年净现值：$200/(1+10\%)^6 = 112.9$

第7年净现值：$200/(1+10\%)^7 = 102.6$

年　份	第0年	第1年	第2年	第3年	第4年	第5年	第6年	第7年	第8年
投资(万元)	1000	0	0	0	0	0	0	0	0
当年利润	0	200	200	200	200	200	200	200	200
当年净收益现值	0	181.8	165.3	150.3	136.6	124.2	112.9	102.6	93.3
累计净现值	0	181.8	347.1	497.3	634.0	758.2	871.1	973.7	1067.0

参考答案 56.(D)

57. 成本基准是用来度量与检测项目成本绩效的按时间分配预算,下图中给出了某项目期望现金流、成本基准、资金需求情况,图中区间A应为(　　)。

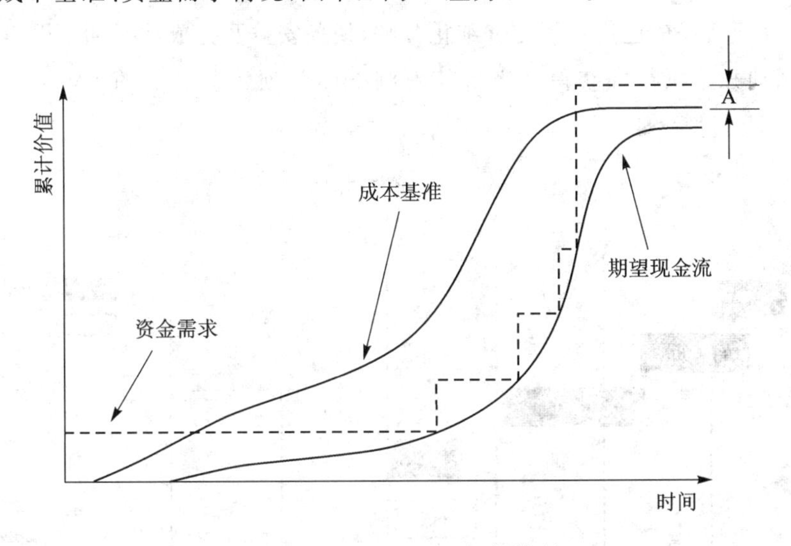

A. 管理储备　　　　B. 成本偏差

C. 进度偏差　　　　D. 超出的成本

【小虎新视角】

方法一:

图形中,没有讲到进度,故可以排除选项C。

选项D"超出的成本",是大白话,没有专业性,也可以排除。

题干重点说的是成本基准,而不是成本偏差。

成本偏差一般说的是预算成本与执行成本的偏差。

题干中,也没有提到"预算""执行"这些关键性字眼,故也可以排除选项B。

方法二:

按照《系统集成项目管理工程师》教程:最大资金需求和成本基准末端值的差异,就是管理储备。

依据此理论,图中区间A应是管理储备。

附:管理储备的知识点——

管理储备是为应对项目的未知风险所做的成本储备,归企业管理层支配和管理。

管理储备一般是由项目的高层管理来动用,项目经理没有权利动用。

管理储备被用于在其发生不能知道的任意风险时。

管理储备不是项目成本基准的组成部分。管理储备也许是项目预算的组成部分之一。

参考答案 57.(A)

58. 假设某项目任务已进行了充分细化分解,任务安排及完成情况如下图,已获价值适用50/50规则(活动开始执行即获得一半价值),则下图中项目监控点的PV、EV、BAC分别为(　　)。

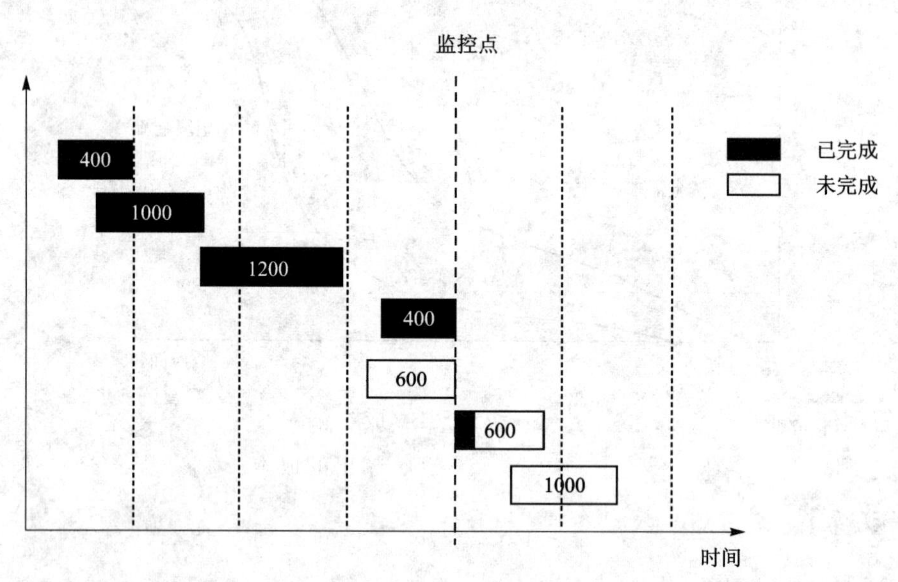

A. PV=4200　EV=3000　BAC=5200

B. PV=4200　EV=3300　BAC=4600

C. PV=3600　EV=3300　BAC=5200

D. PV=3600　EV=3600　BAC=4600

【小虎新视角】

题干中提到"活动开始执行即获得一半价值",则

PV:计划中,截至监控点时间之前的所有工作预算之和=400+1000+1200+400+600=3600。

EV:已完成工作的预算成本 +已开始、尚未完成工作的预算成本的一半=

400＋1000＋1200＋400＋300＝3300。

BAC：完工预算（按计划分配到每个活动的预算成本之和）＝400＋1000＋1200＋400＋600＋600＋1000＝5200。

参考答案 58.（C）

59. 以下关于项目成本控制的叙述中，（ ）是不正确的。

A. 成本控制可提前识别可能引起项目成本基准变化的因素，并对其进行影响

B. 成本控制的关键是经常并及时分析项目成本绩效

C. 成本控制的单位一般为项目的具体活动

D. 进行成本控制是要防范因成本失控产生的各种可能风险

【小虎新视角】

选项C，“成本控制的单位一般为项目的具体活动”，“活动”太粗、太糙，一个活动包括几个工作包，所以，应该以工作包为单位。

成本控制一般以工作包为单位，监督成本的实施情况，发现实际成本与预算成本之间的偏差，查出产生偏差的原因，以做好实际成本的分析评估工作。

参考答案 59.（C）

60. 对质量管理活动进行结构性审查，决定一个项目质量活动是否符合组织政策、过程和程序的独立的评估活动称为（ ）。

A. 过程分析

B. 基准分析

C. 整体审计

D. 质量审计

【小虎新视角】

这是一道概念题。

方法一：

可以从题干中找信息。

题干中两次提到“质量”二字，既然是质量管理活动，那么质量就是前提。

题干还提到：“结构性审查”，审查是重点。

据此分析，选项D“质量审计”靠谱。

方法二：

题干，没有讲分析，用的动词是“审查”，故可排除选项A。

基准分析，通俗理解，就是基于什么标准来做分析。题干没有讲什么标准，故可排除选项B

整体审计，没有把“质量”二字体现出来，相比较而言，选项D更靠谱。

参考答案 60.(D)

61.( )不是项目质量计划编制的依据。

A. 项目的范围说明书 B. 产品说明书

C. 标准和规定 D. 产品的市场评价

【小虎新视角】

既然是质量计划,说明产品还没有研发出来,还是在计划阶段,怎么还有产品的市场评价?这也太不靠谱了。显然,应选D项。

参考答案 61.(D)

62. 创建基线是项目配置管理的一项重要内容,创建基线或发现基线的主要步骤是( )。

A. 获取CCB的授权、创建构造基线或发现基线、形成文件、使基线可用

B. 形成文件、获取CCB的授权、创建构造基线或发行基线、使基线可用

C. 使基线可用、获取CCB的授权、形成文件、创建构造基线或发行基线

D. 获取CCB的授权、创建构造基线或发行基线、使基线可用、形成文件

【小虎新视角】

这道题,考察的是先后顺序。

按软件操作常识,一般都是先授权,再创建,故可以排除选项B、C。

既然题干说的是"创建基线",从逻辑上来说,目标是:使基线可用,而不是形成文件。

参考答案 62.(A)

63. 软件系统的版本号由3部分构成,即主版本号+次版本号+修改号。某个配置项的版本号是1.0,按照配置版本号规则表明( )。

A. 目前配置项处于"不可变更"状态

B. 目前配置项处于"正式发布"状态

C. 目前配置项处于"草稿"状态

D. 目前配置项处于"正在修改"状态

【小虎新视角】

方法一:

版本号1.0,按常识是"正式发布"状态。

方法二:

知识点:

配置项有3种状态,分别是:

(1) 草稿;

(2) 正式发布;

(3) 正在修改。

没有"不可变更"这一状态。

根据知识点可以排除选项A。

按照题干的说法:"主版本号+次版本号+修改号","某个配置项的版本号是1.0",是没有修改号的,也可以排除选项D。

草稿的主版本号是0,也可以排除掉选项C。

附录:知识点

按照《信息系统项目管理师》教程,处于"正式发布"状态的配置项的版本号格式为:A.B。A为主版本号,B为次版本号。

配置项第一次"正式发布"时,默认A=1,B=0,版本号为1.0。

如果配置项的版本升级幅度比较小,一般只增大B值,A值保持不变。

只有当配置项版本升级幅度比较大时,才允许增大A值。

参考答案 63.(B)

64.在需求分析中,面向团队的需求收集方法能够鼓励合作。以下关于面向团队的需求收集方法的叙述中,( )是不恰当的。

A.举行需求收集会议,会议由软件工程师、客户和其他利益相关者举办和参加

B.拟定会议议程,与会者围绕需求要点,畅所欲言

C.会议提倡自由发言,不需要特意控制会议的进度

D.会议目的是识别问题,提出解决方案的要点,初步描述解决方案中的需求问题

【小虎新视角】

题干的问题是哪个选项不恰当。

选项C说"不需要特意控制会议的进度"。这个就不靠谱了。

不控制进度,该讨论、该聚焦的需求,都没有时间说了。怎么办?

难道再开一个会,还是不控制会议,天马行空?那何时才有会议结果啊!

参考答案 64.(C)

65.以下关于需求跟踪的叙述中,( )是不正确的。

A.逆向需求跟踪检查设计文档、代码、测试用例等工作产品是否都能在《需求规格说明书》中找到出处

B.需求跟踪矩阵可以把每个需求与业务目标或项目目标联系起来

C. 需求跟踪矩阵为管理产品范围变更提供框架

D. 如果按照“需求开发—系统设计—编码—测试”这样的顺序开发产品，由于每一步的输出就是下一步的输入，所以不必担心设计、编程、测试会与需求不一致，可以省略需求跟踪

【小虎新视角】

按照选项D的逻辑和说法，既然都可以省略需求跟踪，那谈管理跟踪这个管理方法还有意义有价值吗？逻辑上，就难以自圆其说。所以选项D一定错。

参考答案 65.（D）

66. 某信息系统集成项目包括7个作业（A～G），各作业所需的时间、人数以及各作业之间的衔接关系如图所示（其中虚线表示不消耗资源的虚作业）：

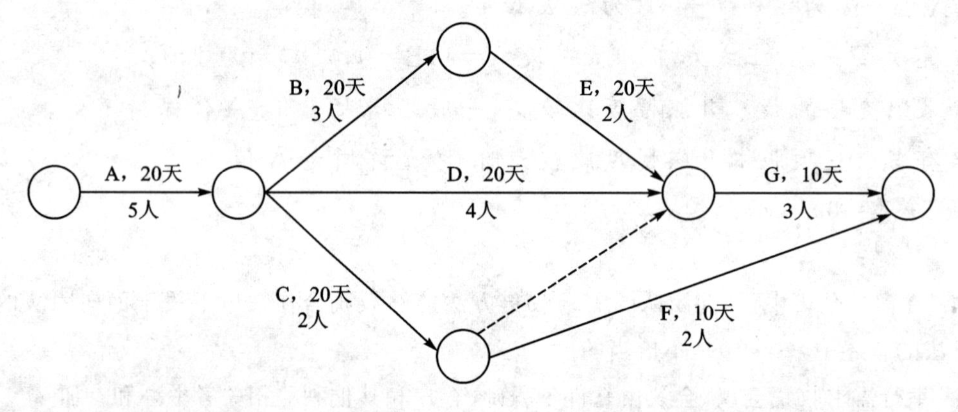

如果各作业都按最早时间开始，那么正确描述该工程每一天所需人数的图为（　　）。

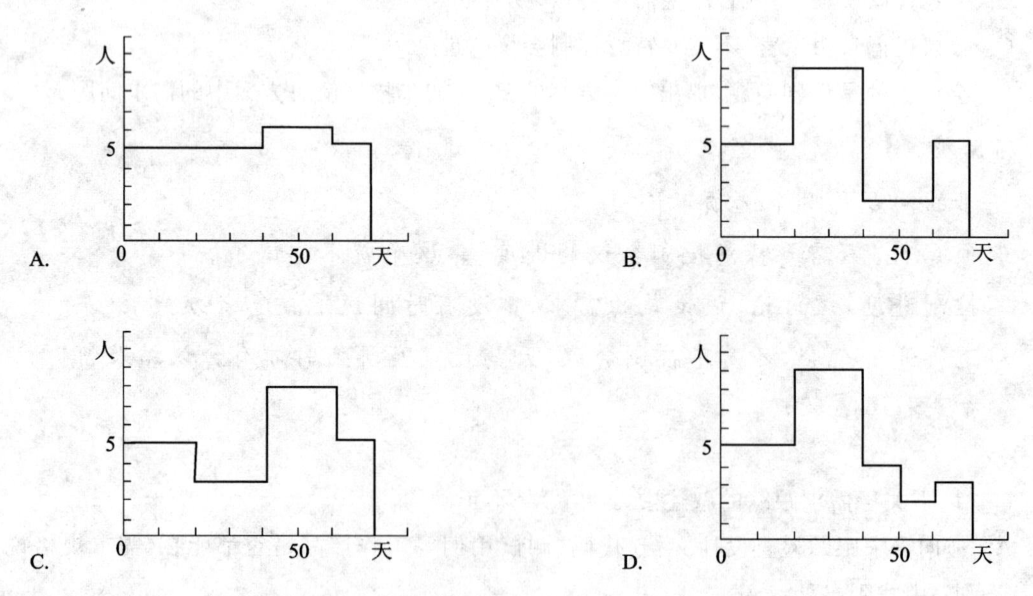

【小虎新视角】

观察选项，我们知道：

横坐标，1格是10天，所以5格是50天。

做A作业需要20天，再做B作业需要20天，接着做E作业又是20天，最后做G作业要10天，总共需要：20＋20＋20＋10＝70（天）。

按各作业都按最早时间开始，可得：

（1）做A作业，20天，需要5人；

（2）做B作业的这20天里，既要做B作业，还要做D作业，以及C作业，所需人数是：3＋4＋2＝9（人）

做E作业的时候，分为两部分：

（1）前10天，既做E作业，还做F作业（按照各作业都按最早时间开始的原则），所需人数是：2＋2＝4（人）

（2）后10天，就只剩下E作业，所以所需人数是2人。

（3）最后就是做G作业，10天，需要3天。

通过以上分析，图D完完全全正确描述了该工程每一天所需的人数。

参考答案 66.（D）

67. 某水库现在的水位已超过安全线，上游河水还在匀速流入。为了防洪，可以利用其10个泄洪闸（每个闸的泄洪速度相同）来调节泄洪速度。经测算，若打开1个泄洪闸，再过10个小时就能将水位降到安全线；若同时打开2个泄洪闸，再过4个小时就能将水位降到安全线。现在抗洪指挥部要求再过1个小时就必须将水位降到安全线；为此，应立即打开（　　）个泄洪闸。

A. 6　　　　B. 7

C. 8　　　　D. 9

【小虎新视角】

假设水库安全线的水量为x，上游河水流入水库的速度为y（每小时），每个闸的泄洪速度是z（每小时）。

依据题目，可得出如下两个算式：

$z \times 10 \times 1 = x + y \times 10$　　（1）

$z \times 4 \times 2 = x + y \times 4$　　（2）

可得如下关系：

$z = 3y$，$x = 20y$

假设打开h个泄洪闸，可以在1个小时将水位降到安全线，可得如下算式：

$z \times 1 \times h = x + y \times 1$　　(3)

将 $z = 3y$，$x = 20y$ 代入上述算式(3)，可得 $h = 7$，即 7 个泄洪闸。

参考答案　67.（B）

68. 某工程的进度计划网络图如下，其中包含了①～⑩10 个节点，节点之间的箭头线表示作业及其进度方向，箭头线旁标注了作业所需的时间（单位：周）。设起始节点①的时间为 0，则节点⑤的最早时间和最迟时间分别为（　　）周。

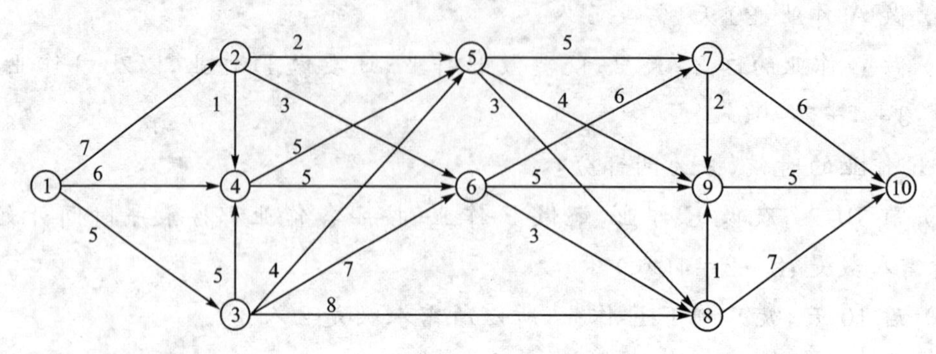

A. 9，19　　　　B. 9，18

C. 15，17　　　　D. 15，16

【小虎新视角】

第一步：求关键路径

先求出关键路径，关键路径是：①③④⑥⑦⑨⑩。

第二步：求最早时间

节点③的最早开始时间是 5，节点④的最早开始时间是 10，节点⑤的最早开始时间是 15。

第三步：求最迟时间

节点⑤的后置活动⑦是关键节点，所以节点⑤的最迟时间不能影响节点⑦这个活动的开始。

①③④⑥⑦的长度是 21。

而①③④⑤⑦的长度为 20，所以节点⑤最多可以延迟一天开始，也就是最迟时间为 16。

对计算题更直观的讲解，请参看小虎的 CSDN 在线网络教育视频《跟着小虎玩着去软考》。

参考答案　68.（D）

69. 在一个单 CPU 的计算机系统中，采用按优先级抢占的进程调度方案，且所有任务可以并行使用 I/O 设备。现在有三个任务 T1、T2 和 T3，其优先级分别为高、中、低，每个任务需要先占用 CPU 10 ms，然后再使用 I/O 设备 13 ms，最后还需要再占用 CPU 5 ms。如果操作系统的开销忽略不计，这三个任务从开始到全部结束所用的总时间为（　　）ms。

A. 61　　　　B. 84

C. 58　　　　D. 48

【小虎新视角】

（1）“采用按优先级抢占的进程调度方案”，只有高优先级的任务要运行，低优先级的任务要让路。

（2）所有任务可以并行使用 I/O 设备。

（3）三个任务的优先级是 T1＞T2＞T3。

（4）每个任务需要先占用 CPU 10 ms，然后再使用 I/O 设备 13 ms，最后还需要再占用 CPU 5 ms。

对计算题更直观的讲解，请参看小虎的 CSDN 在线网络教育视频《跟着小虎玩着去软考》。

参考答案　69.（C）

70. 某公司拟将 5 百万元资金投放下属 A、B、C 三个子公司（以百万元的倍数分配投资），各子公司获得部分投资后的收益如下表所列（以“百万元”为单位）。该公司投资的总收益至多为（　　）百万元。

投资	0	1	2	3	4	5
A	0	1.2	1.8	2.5	3	3.5
B	0	0.8	1.5	3	4	4.5
C	0	1	1.2	3.5	4.2	4.8

A. 4.8　　　　B. 5.3

C. 5.4　　　　D. 5.5

【小虎新视角】

题干说，以“百万元”为单位。

下表就是以“百万元”为单位，投资 A、B、C 三个子公司，以百万元的倍数分配投资，1 百万元对应的收益表。

投资	0	1	2	3	4	5
A	0	1.2	0.9	0.83	0.75	0.7
B	0	0.8	0.75	1	1	0.9
C	0	1	0.6	1.16	1.05	0.96

由上表可见：

投资3百万元（含3百万元）及以上，收益率最高的是投资C公司，1百万元的收益是1.16百万元。

还剩2百万元，投资0～2百万元（含2百万元）的，若想收益率最高，可先投资A公司1百万元，收益是1.2百万元。

还剩1百万元，如果再投资C、A公司，投资数额增加，收益率下降，显然不合适。所以，只好投资B公司1百万元。

最大收益投资方案为：

投资C公司，投资额为3百万元，收益为3.5百万元；

投资A公司，投资额为1百万元，收益为1.2百万元；

投资B公司，投资额为1百万元，收益为0.8百万元。

总收益为：3.5＋1.2＋0.8＝5.5（百万元）。

参考答案 70.(D)

2015年下半年信息系统项目管理师考试上午试题讲解

1. 大数据对产品、企业和产业有着深刻的影响，把信息技术看作是辅助或服务性的工具已经成为过时的观念，管理者应该认识到信息技术的广泛影响，以及怎样利用信息技术来创造有力而持久的竞争优势，(　　)将是未来经济社会发展的一个重要特征。

A. 数据驱动　　B. 信息产业

C. 大数据　　D. 成本驱动

【小虎新视角】

题干中第一句就说了："大数据对产品、企业和产业有着深刻的影响"。

结尾也要讲：大数据或者相近的概念，总结啊！所谓，首尾呼应。

所以，信息产业、成本驱动，不搭界，可以排除。

那到底是选A项"数据驱动"，还是选C项"大数据"呢？

题目说得很清楚，"大数据，是一种信息技术"，题目问的是："未来经济社会发展的一个重要特征"，所以当然选"数据驱动"啦！符合题干说的："怎样利用信息技术来创造有力而持久的竞争优势"，这不就是说的驱动经济社会发展来创造有力而持久的竞争优势吗？

参考答案　1. (A)

2. (　　)属于第四代移动通信技术标准。

A. CDMA　　B. TD-LTE

C. WCDMA　　D. CDMA2000

【小虎新视角】

知道TD表示大唐就好办了，第四代移动通信技术标准当然得有中国人自己的通信标准啦！选B。

WCDMA、CDMA2000都是3G标准。

CDMA属于2G。

2010年国际电信联盟把LTE Advanced正式称为4G。

参考答案　2. (B)

3.“互联网+”协同制造中鼓励有实力的互联网企业构建网络化协同制造公共服务平台。以下叙述中(　　)是不正确的。

A. 此类协同制造公共服务平台多采用大集中系统

B. 此类协同制造公共服务平台需要大数据技术的支持

C. 此类协同制造公共服务平台通常需要宽带网络的支持

D. 此类协同制造公共服务平台需要加强信息安全管理

【小虎新视角】

现在都讲“分布式系统”了，怎么还提“大集中”？明显不入流。

参考答案　3.(A)

4. 需求分析是软件定义阶段的最后一步，在这个阶段确定系统必须完成哪些工作，对目标系统提出完整、准确、清晰、具体的要求。一般来说，软件需求分析可分为(　　)三个阶段。

A. 需求分析、需求描述及需求评审

B. 需求提出、需求描述及需求验证

C. 需求分析、需求评审及需求验证

D. 需求提出、需求描述及需求评审

【小虎新视角】

题干说“需求分析是软件定义阶段的最后一步”，再讲软件需求分析，有点语义重复。排除A、C项。

题干中，提出“对目标系统提出完整、准确、清晰、具体的要求”，可以看出“需求提出”比较合适，属于强调。

需求验证，是需求开发的事情，看其是不是满足了需求。

需求评审，是确保软件需求的完整、准确、清晰和具体。

参考答案　4.(D)

5. 软件需求包括三个不同的层次，分别为业务需求、用户需求和功能及非功能需求。(　　)属于用户需求。

A. 反映了组织机构或客户对系统、产品高层次的目标要求，其在项目视图范围文档中予以说明

B. 描述用户使用产品必须要完成的任务，其在使用实例文档或方案脚本说明中予以说明

C. 定义了开发人员必须实现的软件功能，使得用户能完成他们的任务，从而满足了业务需求

D. 软件产品为了满足用户的使用，对用户并发、处理速度、安全性能等方面的需求

【小虎新视角】

选项A,“客户对系统”这一信息细节,可知其属于业务需求。

选项C,“开发人员必须实现的软件功能,使得用户能完成他们的任务,从中满足了业务需求”,浓缩为“实现的软件功能能满足业务需求”,即功能需求。

选项D,选项里“并发”“速度”和“性能”这些信息,表明其是非功能性需求。

PS,题干的主题讲的“用户需求”,“用户”是关键信息,主要讲用户哟。选项B,“描述用户使用产品必须要完成的任务”,正好吻合。

参考答案 5.(B)

6. 以下关于需求定义的叙述中,( )是正确的。

A. 需求定义的目标是根据需求调查和需求分析的结果,进一步定义准确无误的产品需求,形成《需求规格说明书》

B.《需求规格说明书》将只交给甲方作为验收依据,乙方开发人员不需要了解

C. 需求定义的目的是对各种需求信息进行分析并抽象描述,为目标系统建立概念模型

D. 需求定义是指开发方和用户共同对需求文档评审,经双方对需求达成共识后做出书面承诺,使需求文档具有商业合同效果

【小虎新视角】

采用排除法。

选择题4个选项,一般一个选型会说一个阶段的事情。

亲爱的小伙伴们准备考项目管理师,想必知道需求开发分为需求获取、需求分析、需求定义、需求验证四个阶段。

选项B居然说:“乙方开发人员不需要了解”,这可是开发人员的软件开发依据哟! 不是不需求了解,而是深入了解,吃透需求。

选项C说的是“需求分析”阶段的事情,题目问的是“需求定义”。

选项D说的是“需求验证”阶段的事情,题目问的是“需求定义”。

参考答案 6.(A)

7. 软件工程管理集成了过程管理和项目管理,以下关于软件工程管理过程的描述中,( )最为准确和完整。

A. 范围定义、项目计划、项目实施、评审和评价、软件工程度量

B. 需求分析、设计、测试、质量保证、维护

C. 需求分析、设计、测试、质量保证、软件复用

D. 需求分析、设计、测试、验证与确认、评审和评价、维护

【小虎新视角】

题目问的是:"软件工程管理过程"。

题目又讲了:"软件工程管理集成了过程管理和项目管理"。

如何体现项目管理,当然是"计划"二字。

小虎老师曾说过,项目管理,再怎么强调"计划",也不过分。"计划、计划、再计划"。

戴明环 PDCA(Plan、Do、Check 和 Action,计划、执行、检查和评价\改进),在选项 A 都有完美体现,答案非选项 A 莫属了。

参考答案 7.(A)

8. 软件项目质量保证中的审计指的是(　　)。

A. 评价软件产品以确定其对使用意图的适合性

B. 检查和识别软件产品的某个部分的异常,并记录到文档

C. 监控软件项目进展,决定计划和进度的状态

D. 评价软件产品和过程对于设定规则、标准、流程等的遵从性

【小虎新视角】

遵从性,就是遵照执行。就是评价软件产品和过程,是否遵照执行规则、标准、流程了。

譬如:需求管理流程、变更管理流程、代码评审流程、软件配置管理流程等。

软件项目质量保证,很重要的一点,保证流程。学习了项目管理,得把"流程"深深印在脑海里。

选项 A、B、C 都没有体现"流程"二字。

参考答案 8.(D)

9. 软件测试是软件开发过程中的一项重要内容,将测试分为白盒测试、黑盒测试和灰盒测试,主要是(　　)对软件测试进行分类。

A. 从是否关心软件内部结构和具体实现的角度

B. 从是否执行程序的角度

C. 从软件开发阶段的细分角度

D. 从软件开发复杂性的角度

【小虎新视角】

白盒测试方法按照程序内部的结构测试程序。

黑盒测试主要是按需求规格、软件功能来测试程序。

盒子,有内外之分。

从事过软件测试工作和软件开发行业工作的,很容易判断,选A,“从是否关心软件内部结构和具体实现的角度”。

参考答案 9.(A)

10. 软件项目中的测试管理过程包括(　　)。

A. 单元测试、集成测试、系统测试、验收测试

B. 单元测试、集成测试、验收测试、回归测试

C. 制订测试计划、开发测试工具、执行测试、发现并报告缺陷、测试总结

D. 制订测试计划及用例、执行测试、发现并报告缺陷、修正缺陷、重新测试

【小虎新视角】

题目问的是“测试管理过程包括什么”。

既然涉及管理,就要包括:计划。

有测试计划,当然得有测试用例。测试用例,就是测试依据、测试标准哟!

据此就可以轻轻松松选出D。

“发现并报告缺陷、修正缺陷、重新测试”,这是形成一个环路,发现了问题,还要解决问题。是不是真的修正了缺陷,当然还得重新测试验证哟!

参考答案 10.(D)

11.(　　)指在软件维护阶段,为了检测由于代码修改而可能引入的错误所进行的测试活动。

A. 回归测试　　B. 修复测试

C. 集成测试　　D. 冒烟测试

【小虎新视角】

概念定义题,“为了检测代码修改而可能引入的错误”所做的测试,叫回归测试。

知识点:

回归测试是指修改了旧代码后,重新进行测试以确认修改没有引入新的错误或导致其他代码产生错误。

集成测试也叫组装测试或联合测试,是指在单元测试的基础上,将所有模块按照设计要求(如根据结构图)组装成为子系统或系统,进行集成测试。

冒烟测试的对象是每一个新编译的需要正式测试的软件版本,目的是确认软件基本功能正常,可以进行后续的正式测试工作。冒烟测试的执行者是版本编译

人员。

参考答案 11.(A)

12. 信息的(　　)要求采用的安全技术保证信息接收者能够验证在传送过程中信息没有被修改,并能防范入侵者用假信息代替合法信息。

A. 隐蔽性　　　　B. 机密性

C. 完整性　　　　D. 可靠性

【小虎新视角】

题干提到了两点:

(1) 信息没有被修改;

(2) 并能防范入侵者用假信息替代合法信息。

这两点保证了信息的完整性。

信息隐蔽性,说明信息多么隐蔽,不可见。

信息机密性,说明信息多么机密,秘而不宣,保证机密信息不被窃听,或窃听者不能了解信息的真实含义。

但是,题目都没有讲到隐蔽性、机密性。

参考答案 12.(C)

13. 根据GH/T 12504—2008《计算机软件质量保证计划规范》的相关规定,以下评审和检查工作中(　　)不是必须进行的。

A. 执行进度评审　　　　B. 软件需求评审

C. 详细设计评审　　　　D. 管理评审

【小虎新视角】

题目中问的是"不是必须进行的"。

需求评审是必须进行的。

设计评审是必须进行的。

很容易理解,选项B、C很容易排除。

选项A、D相比较,选A更合适。执行进度,就摆在这儿,具有客观性,有啥好评审的。

知识点:

根据GH/T 12504—2008《计算机软件质量保证计划规范》的相关规定,需要评审和检查的工作有:软件需求评审、概要设计评审、详细设计评审、功能检查、物理检查、综合检查、管理评审。

参考答案 13.（A）

14. 软件可靠性是指在指定条件下使用时，软件产品维持规定的性能级别的能力，其子特性（　）是指在软件发生故障或者违反指定接口的情况下，软件产品维持规定的性能级别的能力。

A. 成熟性　　B. 易恢复性

C. 容错性　　D. 依从性

【小虎新视角】

题干专门提到："软件发生故障或者违反指定接口"，这不就是容错吗？

选C。

知识点：

成熟性是指软件产品为避免因软件故障而导致失效的能力；

易恢复性是指在失效发生的情况下，软件产品重建规定的性能级别并恢复受直接影响的数据的能力；

容错性是指在软件发生故障或者违反指定接口的情况下，软件产品维持规定的性能级别的能力。

参考答案 14.（C）

15. 根据GB/T 12504—2008《计算机软件质量保证计划规范》中的规定，在软件验收时，验证代码与设计文档的一致性、接口规格说明的一致性、设计实现和功能需求的一致性等检查属于（　）。

A. 综合检查　　B. 功能检查

C. 性能检查　　D. 配置检查

【小虎新视角】

题干说到了"验证代码""设计文档""设计实现""功能需求"等，也就是说涉及了需求、设计、编码与实现等诸多环节。

明明确确、真真切切的综合检查，也就是综合多方面的检查呀！货真价实。

参考答案 15.（A）

16. 根据《信息安全等级保护管理办法》中的规定，信息系统的安全保护等级应当根据信息系统的国家安全、经济建设、社会生活中的重要程度，在信息系统遭到破坏后，对国家安全、社会秩序、公共利益以及公民、法人和其他组织的合法权益的危险程度等因素确定。其中安全标记保护级处于（　）。

A. 第二级　　B. 第三级

C. 第四级　　D. 第五级

【小虎新视角】

计算机系统安全保护能力的5个等级：

用户自主保护级，第一级；

系统审计保护级，第二级；

安全标记保护级，第三级；

结构化保护级，第四级；

访问验证保护级，第五级。

如何记住呢？

用户自主保护级，第一级（一主子，自主提炼出“主子”）；

系统审计保护级，第二级（二婶婶，审计的审同“婶”音）；

安全标记保护级，第三级（三表哥，标记的标同“表”音）；

结构化保护级，第四级（四师姐，四谐音“师”，结构化的结同“姐”）；

访问验证保护级，第五级（屋燕子，五同“屋”音，验证的验同“燕”音）。

参考答案　16.（B）

17. 以下关于WLAN安全机制的叙述中，（　　）是正确的。

A. WPA是为建立无线网络安全环境提供的第一个安全机制

B. WEP和IPSec协议一样，其目标都是通过加密无线电波来提供安全保护

C. WEP2的初始化向量（IV）空间64位

D. WPA提供了比WEP更为安全的无线局域网接入方案

【小虎新视角】

选项A，不正确。无线局域网的第一个安全协议是820.11 WEP。

WEP是Wired Equivalent Privacy的简称，有线等效保密（WEP）协议是对在两台设备间无线传输的数据进行加密的方式，用以防止非法用户窃听或侵入无线网络。

IPSec（Internet Protocol Security）是TCP/IP第3层的安全协议，它通过端对端的安全性来提供主动的保护。注意：讲的是端对端的安全性，来提供安全保护。所以选项B，也不正确。

选项C，有WPA，也有WPA2的说法，但是没有WEP2一说，只有WEP。

选项D，密码分析学家已经找出了WEP的好几个弱点，因此在2003年被Wi-Fi Protected Access（WPA）所取代，又在2004年由完整的IEEE 802.11i标准

(又称为 WPA2)所取代。

选项D正确。

参考答案 17.(D)

18. 在信息系统安全建设中,(　　)确立全方位的防御体系,一般会告诉用户应有的责任,组织规定的网络访问、服务访问、本地和远地的用户认证、插入和拔出、磁盘数据加密、病毒防护措施,以及雇员培训等,并保证所有可能受到攻击的地方必须以同样的安全级别加以保护。

A. 安全策略　　B. 防火墙

C. 安全体系　　D. 系统安全

【小虎新视角】

题干说"确立全方位的防御体系",防火墙仅仅是一个具体技术,而不是全方位。

题干中说的"组织规定的网络访问、服务访问、本地和远地的用户认证、插入和拔出、磁盘数据加密、病毒防护措施,以及雇员培训等"种种具体安全保护措施和手段,当然都是策略,也就是安全策略。

如果选安全体系或选系统安全,与题干说的"种种具体安全保护措施和手段"相比较而言,不匹配、不吻合、不合适。

教材《信息系统项目管理师(第2版)》有一章专门讲"安全策略",可参见其第26章。

参考答案 18.(A)

19. 以下关于网络协议的叙述中,(　　)是正确的。

A. 因特网最早使用的协议是OSI七层体系结构

B. NETBEUI是IBM开发的路由选择协议

C. 在TCP/IP协议分层结构中,FTP是运行在TCP之上的应用层协议

D. TCP协议提供了无链接但可靠的数据报传送信道

【小虎新视角】

可以用排除法:

选项A,OSI(Open System Interconnection,开放系统互联模型)就是为了满足不同的具体机型、操作系统或公司的网络体系结构,能够网络互联而设计的七层体系结构,当然不是最早的因特网协议啦!

选项B,NETBEUI是IBM开发的,但是非路由选择协议。

选项 D，TCP 协议，面向连接，不是无连接。

选项 C，FTP 是运行在 TCP 之上的应用层协议，我们很容易判断是正确的。

参考答案 19.（C）

20. 在 1 号楼办公的小李希望在本地计算机上通过远程登录的方式访问放置在 2 号楼的服务器，为此将会使用到 TCP/IP 协议族中的（　　）协议。

A. Telnet　　B. FTP

C. HTTP　　D. SMTP

【小虎新视角】

关键词是“远程登录”，即 Telnet，选 A。

排除法：

FTP(File Transfer Protocol)是文件传输下载。

HTTP(Hyper Text Transfer Protocol)是超文本传输协议、网络浏览。

SMTP(Simple Mail Transfer Protocol)是邮件传输。

参考答案 20.（A）

21. 射频识别（RFID）是物联网中常用的无线通信技术，它通过（　　）识别特定目标并读/写相关数据。

A. 磁条　　B. 红外线

C. 无线电信号　　D. 光束扫描

【小虎新视角】

题目已经明确说了“无线通信技术”，毫无疑问选择 C“无线电信号”，所谓一脉相承，紧扣题意。

参考答案 21.（C）

22. 网络路由器（　　）。

A. 可以连接不同的子网　　B. 主要用于局域网接入 Internet

C. 主要起分隔网段的作用　　D. 工作于数据链路层

【小虎新视角】

可以连接不同的子网。选 A。

排除法：

路由器是用来连接两个相同或者不同网络的设备，可以将局域网与广域网互联起来，是将逻辑上分开的网段连接起来，所以“起分割网段的作用”就不对。

C错。

网络路由器,顾名思义,当然工作于网络层。

网络交换机,才是主要工作于数据链路层的。D错。

参考答案 22.(A)

23. 综合布线系统是在楼宇或园区范围内建立的信息传输网络,综合布线系统可分为6个独立的子系统,其中(　　)是干线子系统和水平子系统的桥梁,同时又可为同层组网提供条件。

A. 建筑群子系统　　　　B. 设备间子系统

C. 工作区子系统　　　　D. 管理子系统

【小虎新视角】

综合布线系统分为6个独立子系统,具体描述如下:

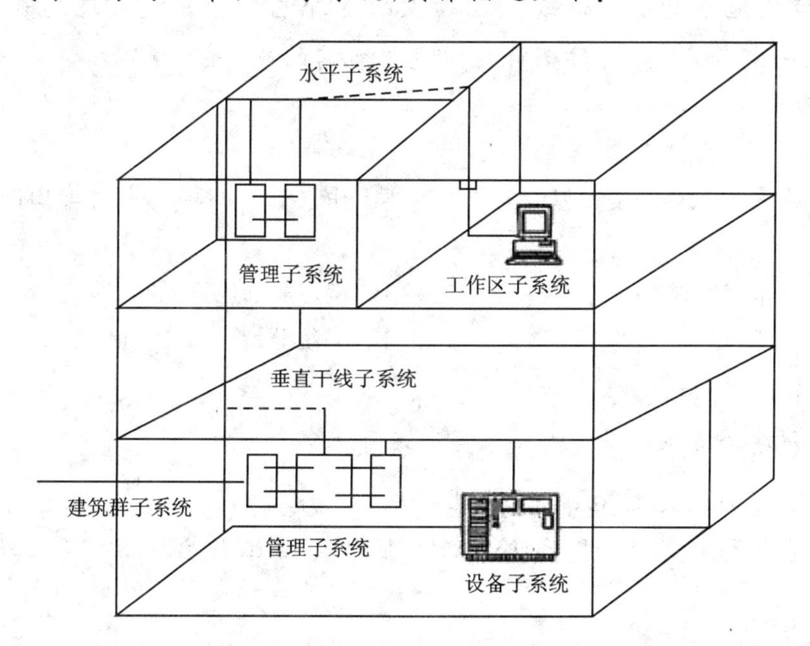

(1) 工作区子系统:它由工作区内终端设备连接到信息插座之间的设备组成,包括信息插座、连接软线、适配器、计算机、网络集散器、电话、报警探头、摄像机、监视器、音响等。

(2) 水平子系统:水平子系统布置在同一楼层,一端接在信息插座上,另一端接在配线间的跳线架上,它的功能是将干线子系统线路延伸到用户工作区,将用户工作区引至管理子系统,并为用户提供一个符合国际标准、满足语音及高速数据传输要求的信息点出口。

(3) 管理子系统:安装有线路管理器件及各种公用设备,实现整个系统集中管理,它是干线子系统和水平子系统的桥梁,同时又可为同层组网提供条件。其中包括双绞线跳线架、跳线(有快接式跳线和简易跳线之分)。

(4) 垂直干线子系统:通常它是由主设备间至各层管理间,特别是在位于中央点的公共系统设备处提供多个线路设施,采用大对数的电缆馈线或光缆,两端分别端接在设备间和管理间的跳线架上,目的是实现计算机设备、程控交换机(PBX)、控制中心与各管理子系统间的连接,是建筑物干线电缆的路由。

(5) 设备间子系统:该子系统由设备间的电缆、连接跳线架及相关支撑硬件、防雷电保护装置等构成,可以说是整个配线系统的中心单元,因此它的布放、造型及环境条件的考虑适当与否,直接影响到将来信息系统的正常运行及维护和使用的灵活性。

(6) 建筑群子系统:它是将多个建筑物的数据通信信号连接成一体的布线系统,它将架空或地下电缆管道或直埋敷设的室外电缆和光缆互连起来,是结构化布线系统的一部分,支持提供楼群之间通信所需的硬件。

参考答案 23. (D)

24. 软件架构是软件开发过程中的一项重要工作,(　　)不属于软件架构设计的主要工作内容。

A. 制定技术规格说明　　B. 编写需求规格说明书

C. 技术选型　　D. 系统分解

【小虎新视角】

不是编写需求规格说明书,而是确认需求。

架构师确保自己完整地、准确地理解用户需求。

编写需求规格说明书,是系统分析人员的主要工作之一,不是架构师的主要工作。

参考答案 24. (B)

25. 以下关于类和对象关系的叙述中,(　　)是不正确的。

A. 对象是类的实例　　B. 类是对象的抽象

C. 类是静态的,对象是动态的　　D. 类和对象必须同时存在

【小虎新视角】

排除法:

选项 A“对象是类的实例”,正确。

选项 B“类是对象的抽象”,正确。

选项C“类是静态的，对象是动态的”，正确。

选项D“类和对象必须同时存在”，不正确。

PS，类和对象必须同时存在。

说得太绝对化。可以没有对象，就是说，类可以在某一时刻没有运行实例。

这就是，类和对象必须同时存在，最好用反例。

参考答案 25.（D）

26. 在统一建模语言中，（ ）的主要目的是帮助开发团队以一种可视化的方式了解系统的功能需求，包括基于基本流程的“角色”关系等。

A. 用例图　　B. 类图

C. 序列图　　D. 状态图

【小虎新视角】

关键词“功能需求”，用例和需求，是亲兄弟，不分家。

参考答案 26.（A）

27. UML提供了各种图案来描述建模过程，下图所示的UML图是一个（ ）。

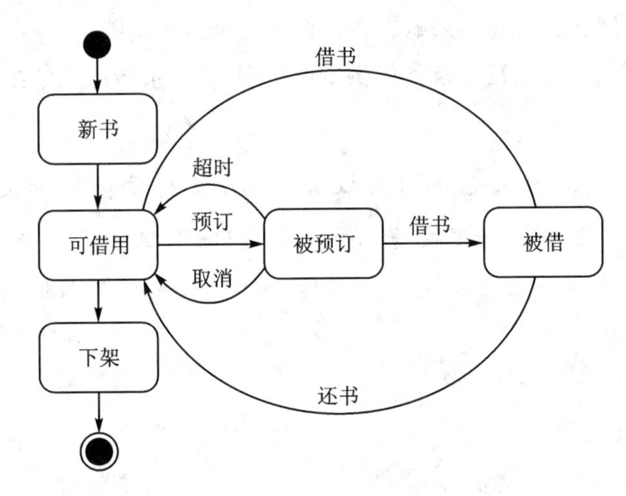

A. 活动图　　B. 状态图

C. 用例图　　D. 序列图

【小虎新视角】

一本书的状态，有：新书、被预订、被借、下架等多个状态。

题中的UML图所示的是状态图。

活动图更多表示的是：

（1）系统中各种活动的次序；

(2) 描述用例的工作流程;

(3) 描述类中某个方法的具体操作行为。

参考答案 27. (B)

28. 一般而言,网络安全审计从审计级别上可分为(　　)、应用级审计和用户级审计三种级别。

A. 组织级审计　　B. 物理审计

C. 系统级审计　　D. 单元级审计

【小虎新视角】

题干中有"应用级审计",那答案选项中恰有"系统级审计",正好配对,相得益彰,遥相呼应。

参考答案 28. (C)

29. 根据政府采购法的规定,以下叙述中,(　　)是不正确的。

A. 某省政府采购中心将项目采购的招标委托给招标公司完成

B. 政府采购项目完成后,采购方请国家认可的质量检测机构参与项目验收

C. 政府采购项目验收合格后,采购方将招标文件进行了销毁

D. 招标采购过程中,由于符合条件的供货商不满三家,重新组织了招标

【小虎新视角】

选项C,居然说:"政府采购项目验收合格后,采购方将招标文件进行了销毁",这是不正确的,因为文件是一定要保存的,以便追踪、回溯。

《政府采购法》第四十二条明确说了,"采购文件的保存期限为从采购结束之日起至少保存十五年"。

参考答案 29. (C)

30. (　　)不受《著作权法》保护。

① 文字作品　② 口述作品　③ 音乐、戏剧、曲艺　④ 摄影作品

⑤ 计算机软件　⑥ 时事新闻　⑦ 通用表格和公式

A. ②⑥⑦　　B. ②⑤⑥

C. ⑥⑦　　D. ③⑤

【小虎新视角】

排除法:

计算机软件,肯定受《著作权法》保护啦!不容置疑,100%肯定。

所以,B、D不能选,因为含有⑤啊!

口述作品,也是受《著作权法》保护的。

我们知道央视主持人小崔的口述历史《我的抗战》,都是受《著作权法》保护的。

排除选项A。

时事新闻和通用表格、公式,不受《著作权法》保护。

参考答案 30.(C)

31. 某系统集成项目的项目经理在制定项目章程时,必须要考虑涉及并影响项目的环境和组织因素。(　　)不属于环境和组织因素的内容。

A. 公司文化和结构　　B. 员工绩效评估记录

C. 变更控制流程　　D. 项目管理信息系统

【小虎新视角】

解答此道题的关键,需要区别如下两个概念:

(1) 什么是环境和组织因素;

(2) 什么是组织过程资产。

凡是可裁剪的、可选择的均为:组织过程资产;

凡是不可选择的、只能适应的均为:事业环境因素。

因为流程是可以裁剪的,所以变更控制流程,属于:组织过程资产。

选项A、C和D,都是属于环境和组织因素的内容。

参考答案 31.(C)

32. (　　)工作用来对项目进行定义,该工作用来明确"项目需要做什么"。

A. 制订项目范围说明书　　B. 制订项目管理计划

C. 制订项目章程　　D. 项目活动定义

【小虎新视角】

项目定义就是明确"项目需要做什么",那当然是"制订项目范围说明书"了。

参考答案 32.(A)

33. 项目进入到执行阶段后,项目经理、项目组成员为了完成项目范围说明书定义的工作,还需执行的是(　　)。

① 实施已批准的预防措施以降低潜在负面结果出现的可能性

② 管理已分配到项目或阶段中的项目团队成员

③ 为项目选择生命周期模型

④ 监管项目总投入情况

⑤ 管理供应商

A. ①②⑤　　B. ①②③④

C. ①②④⑤　　D. ①②③④⑤

【小虎新视角】

项目都已经进入到执行阶段,怎么还要为项目选择生命周期模型?有③的肯定不对,排除B与D。

题目问的是"执行阶段","监管项目总投入情况"是监督控制阶段。

所以,含有④的也不正确,排除C。

参考答案 33.(A)

34. 项目组的测试人员在软件系统测试时,发现了一个重大缺陷并报告了项目经理,项目经理接下来应该(　　)。

A. 提交一个变更申请

B. 和质量保证人员商量如何修改

C. 将任务分配给开发人员小王修改

D. 评估是否需要修改

【小虎新视角】

题干说,"测试人员发现了一个重大缺陷并报告了项目经理",项目经理当然是:提交一个变更申请。选A。

对变更做评审,首先应该是评估其风险对进度、成本带来的影响,其次才是分配给开发人员小王,以及具体如何修改该缺陷。

参考答案 34.(A)

35. 已知某系统由A、B、C、D、E、F六个活动构成,项目实习人员根据活动逻辑关系及历时等信息绘制了该系统的网络图,并给出了该系统的工期为9周,项目组其他成员纷纷提出意见,以下意见中,(　　)是正确的。

工作名称	A	B	C	D	E	F
紧前关系	—	—	A	A	A、B	A、B
历时	2周	3周	4周	6周	5周	1周

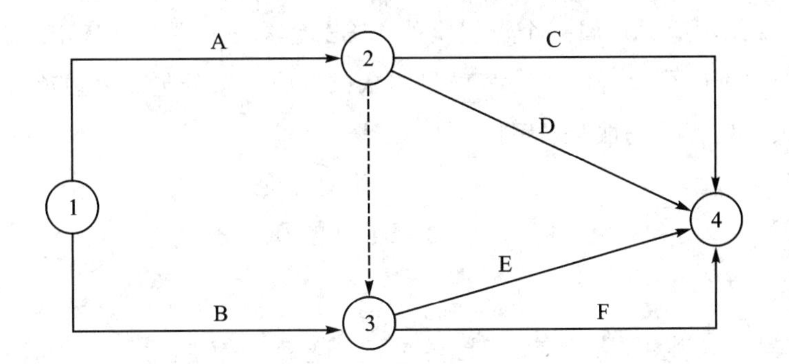

A. 逻辑关系错误,项目工期应为 7 周

B. 有循环回路,项目工期是正确的

C. 节点序号编排不对,项目工期是正确的

D. 项目工期为 8 周

【小虎新视角】

找出关键路径。关键路径,就是最长的路径。

A、D　2+6=8(周)

B、E　3+5=8(周)

项目工期是 8 周,该系统工期为 9 周,是不正确的,排除选项 B、C 以及 A。

参考答案　35. (D)

36. 项目进度控制是依据项目进度基准计划对项目的实际进度进行监控,使项目能够按时完成,以下关于项目进度控制的叙述中,(　　)是不正确的。

A. 项目进度至关重要,因此进度控制需要在项目初期优先关注

B. 进度控制必须与其他变化控制,包括成本控制与范围控制紧密结合

C. 项目进度控制是项目整体控制的一个组成部分

D. 对项目进度的控制,应重点关注项目进展报告和执行状态报告

【小虎新视角】

选项 A 说,"进度控制需要在项目初期优先关注",显而易见,项目初期,那就是项目才刚刚起步,项目进展、项目执行的东西都不多,关注什么哟!

正确的是:在项目执行和实施阶段重点关注。

参考答案　36. (A)

37. 在编制 WBS 时,应考虑(　　)基本原则。

① 每个 WBS 元素都代表一个独立的、有形或无形的可交付成果

② 可交付成果中包括最终可交付物和实现最终结果所需要的中间可交付物

③ 每个WBS元素应只从属一个母层次的WBS元素或子层次的WBS元素

④ 每个工作包都应可以分配给一名项目团队成员或一家分包商单独负责

⑤ 可交付成果具有唯一性、独特性

A. ①②③④　　B. ①②④⑤

C. ①②③⑤　　D. ②③④⑤

【小虎新视角】

一个工作单元只能从属于某个上层单元，避免交叉从属。

也就是说，每个WBS元素，应只从属于一个母层次的WBS元素，避免交叉从属。

参考答案　37.（B）

38. 一个组织中有很多类型的分解结构，项目组在分解WBS时，（　　）可以帮助项目组考虑并确定所分解的工作包由哪些成员来执行。

A. 组织分解结构（OBS）　　B. 物料清单（BOM）

C. 风险分解结构（RBS）　　D. 过程分解结构（PBS）

【小虎新视角】

题干说："一个组织中有很多类型的分解结构""工作包由哪些成员来执行"。

成员与组织是密不可分、常常挂在嘴边的。

选A"组织分解结构（OBS）"，也与第一句话"一个组织"一脉相承，一个语境，甚为默契。

参考答案　38.（A）

39. 项目可行性分析是立项前的重要工作，包括技术、物资、资源、人员的可行性，在进行项目可行性分析时，需要在（　　）过程中分析人力资源的可行性。

A. 经济可行性分析　　B. 技术可行性分析

C. 运行环境可行性分析　　D. 法律可行性分析

【小虎新视角】

经济可行性分析、技术可行性分析与法律可行性分析，这几个进行比较，选技术可行性分析更好一点，理由：

（1）题干中说："项目可行性分析是立项前的重要工作，包括技术、物资、资源、人员的可行性"，专门说到"技术"二字，点题、应题；

（2）既然是全国计算机技术与软件专业资格考试，当然得跟技术沾边，"技术可行性分析"回应了这种内在诉求。

知识点：

技术可行性分析，一般包括：

(1) 项目开发的风险；

(2) 人力资源的可行性；

(3) 技术能力的可能性；

(4) 物质(产品)的可用性。

参考答案 39. (B)

40. 项目论证是一个连续的过程，一般包括以下几个步骤，正确的执行顺序是(　　)。

① 收集并分析相关资料

② 明确项目和业主目标

③ 拟定多种可行的实施方案并分析比较

④ 选择最优方案进行评审论证

⑤ 编制资金筹措计划和项目实施进度计划

⑥ 编制项目论证报告

A. ①②③④⑤⑥　　B. ②①③⑤④⑥

C. ①②③④⑥⑤　　D. ②①③④⑥⑤

【小虎新视角】

题干的问题是："正确的执行顺序"。

先明确目标，再基于目标来收集资料，分析处理相关资料。即先②，再①。

可以排除A与C。

先拟定多种可行的实施方案并分析比较，再选择最优方案进行评审论证。

即先③，再④。据此，我们可以排除B，最终，选择答案D。

参考答案 40. (D)

41. 项目可行性研究阶段的项目论证和项目评估的关系是(　　)。

A. 一般先进行项目评估，再进行项目论证

B. 项目论证和项目评估都是立项阶段必不可少的环节

C. 项目评估是在项目论证的基础上，由第三方开展的判断项目是否可行的一个评估过程

D. 项目论证是给出项目的实施方案，项目评估是对实施方案的量化和决策

【小虎新视角】

选项A，应该是先进行项目论证，再进行项目评估，所以A不正确。

选项B，题目说的是项目可行性研究阶段，不是选项B说的"立项阶段"，这完

全是两个不同的阶段。

选项D“项目论证”,是从经济、技术、政策等各个方面论证项目的可行性,不是给出项目实施方案,顺着此思路,说项目评估是对实施方案的量化和决策,当然也不对了,不正确!

参考答案 41.(C)

42. 以下关于项目团队管理的叙述中,(　　)是不正确的。

A. 项目团队管理的目的是跟踪个人和团队的绩效,反馈和解决问题以提高项目绩效

B. 可采用观察和交谈、项目绩效评估的方法实现对项目团队的管理

C. 一个企业中的组织文化可能会影响团队管理的方式和结果

D. 项目经理在团队发生冲突时应本着解决矛盾的原则进行调解

【小虎新视角】

选项D:“项目经理在团队发生冲突时应本着解决矛盾的原则进行调解”。

应该是本着解决问题的原则进行调解。

化解矛盾与解决问题差别极大。

参考答案 42.(D)

43. (　　)不属于风险识别阶段的成果。

A. 低优先级风险的监视表　　B. 已识别出的风险列表

C. 风险征兆或警告信号　　D. 潜在的风险应对方法列表

【小虎新视角】

题干说得很清楚,是“风险识别阶段的成果”。

选项A,“低优先级风险的监视表”,说明是已经对风险优先级进行了排序,做了风险分析的(定性风险分析、定量风险分析)。

据此分析,当然不是风险识别阶段的成果。

参考答案 43.(A)

44. 主要风险清单是常用的项目风险管理工具,如下表所列。以下关于风险清单的叙述中,(　　)是不正确的。

本　周	上　周	周　数	风　险	风险解决的情况
1	1	5	需求的逐渐增加	利用用户界面原型来收集高质量的需求； 已将需求规约置于明确的变更控制程序之下； 运用分阶段交付的方法在适当的时候提供能力来改变软件特征（如果需要的话）
2	5	5	有多余的需求或开发人员	项目要旨的陈述中要说明软件中不需要包含哪些东西； 设计的重点放在最小化； 评审中有核对清单，用以检查“多余设计或多余的实现”

A. 该风险清单应在需求分析之前建立，并在项目结束前不断定期维护

B. 项目经理、风险管理责任人应每隔一周左右回顾该风险清单

C. 应该对风险清单中的部分主要风险制订详细的风险应对计划

D. 对风险清单的回顾应包含在进度计划表中，否则可能被遗忘

【小虎新视角】

题目说的是“风险清单”。

选项C说的是“制订风险应对计划”。

既然有了风险清单，就首先要对列出的风险进行分析，包括定性分析和定量分析，最后再说制订风险应对计划。

直接说“制订风险应对计划”，明显是跨越阶段，当然不对啦！

做项目管理，很讲究阶段，做完一个阶段的事情，再做另外一个阶段的事情。

参考答案　44.（C）

45. 根据《中华人民共和国招标法》，以下做法中，（　　）是正确的。

A. 某项目于4月7日公开发布招标文件，表明截止时间为2015年4月14日13时

B. 开标应当在招标文件确定的提交投标文件截止时间的同一时间公开进行

C. 某次招标活动中的所有投标文件都与招标文件要求存在一定的差异，评标委员会可以确定其中最接近投标文件要求的公司中标

D. 联合投标的几家企业中只需一家达到招标文件要求的资质即可

【小虎新视角】

选项A，只有1个星期的时间，太短了。法律规定：“自招标文件开始发出之日起至投标人提交投标文件截止之日止，最短不得少于二十日”。

选项C，“某次招标活动中的所有投标文件都与招标文件要求存在一定的差异”，应该是重新招标，而不是选择其中最接近投标文件要求的公司中标。

选项D，联合投标的几家企业中，应该是每一家企业都要达到招标文件要求的资质。

参考答案　45.（B）

46. 某项目在招标时被分成若干个项目包,分别发包给不同的承包人。承包人中标后与招标人签订的合同属于( )。

A. 单项项目承包合同　　B. 分包合同
C. 单价合同　　D. 成本激励合同

【小虎新视角】

题目说的是,“某项目在招标时被分成若干个项目包,分别发包给不同的承包人”。

题干关键字是“承包人”。

题目问的是“承包人中标后与招标人签订的合同是啥合同?”

应该是“单项项目承包合同”,带有关键信息“承包”二字。

分包合同是指总承建单位将其承包的某一部分或者几部分项目,再发包给子承建单位。

注意:是总承建单位,不是招标人。

参考答案　46.(A)

47. 项目采购是一项复杂的工作,编制详细可行的项目采购计划有助于项目成功,( )属于编制项目采购计划所必须考虑的内容。

A. 工作说明书　　B. 项目范围说明书
C. 自制/外购决定　　D. 合同收尾规程

【小虎新视角】

题目问的是“属于编制项目采购计划所必须考虑的内容”,也就是说,项目采购计划的编制的输入是什么?

怎么说采购计划也要满足项目范围说明吧?在项目范围之内吧?结合题目4个选项,选B“项目范围说明书”。

参考答案　47.(B)

48. ( )不属于项目收尾的输出。

A. 合同文件　　B. 管理收尾规程
C. 合同收尾规程　　D. 组织过程资产更新

【小虎新视角】

合同文件,怎么会是项目收尾的输出?

有没有搞错?

合同文件是项目执行的依据,怎么也要在项目执行阶段前输出吧?

参考答案 48.（A）

49. 与普通的采购管理过程相比，外包管理更注重（　　）环节。

A. 自制外购分析　　B. 计划编制

C. 过程监控　　D. 成果验收

【小虎新视角】

外包管理，既然已经外包了，就不需要自制外购分析。排除选项A。

说计划编制，就不合情理了。排除选项B。

题目说得很明白，"与普通的采购管理过程相比"，不容置疑，更注重的就是过程监控环节了，来确保最后交付的产品质量。

参考答案 49.（C）

50. 项目组合管理是一个保证组织内所有项目都经过风险和收益分析及平衡的方法论。作为公司项目经理进行项目组合管理时，（　　）应是重点考虑的要素。

A. 资源利用效率　　B. 项目进度控制

C. 范围变更　　D. 项目质量

【小虎新视角】

题目说，"风险和收益分析及平衡的方法论"。

如何体现收益二字，当然是重点考虑：资源利用效率。

参考答案 50.（A）

51. DIPP分析法可用于对处在不同的项目进行比较，同时可以表明项目的资源利用情况：DIPP=EMV/ETC。如果有A、B、C、D四个项目，项目初期的DIPP值分别为：DIPP(A)=0.9，DIPP(B)=1.3，DIPP(C)=0.8，DIPP(D)=1.2，则优先选择的项目为（　　）。

A. 项目A　　B. 项目B

C. 项目C　　D. 项目D

【小虎新视角】

考点：

DIPP值越高的项目，意味着资源的利用率越高，越值得优先考虑资源的支持。

依据此理论，优先选择的项目就是DIPP值最大的，故选项目B。

参考答案 51.（B）

52. 项目组合管理是指为了实现约定的战略业务目标，对一个或多个项目组合进行集中管理。包括识别、排序、授权、管理和控制项目、项目集和其他有关工作，以下关于项目组合管理的叙述中，(　　)是不正确的。

A. 项目组合管理主要采取的是自下而上的管理方式

B. 项目组合管理过程一般是进行组织决策的过程

C. 项目组合管理要确保与组织战略协调一致

D. 通过审核项目和项目集来确定资源分配的优先顺序

【小虎新视角】

注意：选项A，“自下而上”，是方向。

既然，“项目组合管理是指为了实现约定的战略业务目标”，战略，肯定是自上而下的。

“识别、排序、授权、管理和控制项目”，“授权”二字，也再一次体现了是“自上而下”的。

参考答案　52.（A）

53. 依据GB/T 196681—2005《信息化工程监理规范》，以下关于工程投标阶段的质量控制内容的叙述中，(　　)是不正确的。

A. 监理机构应了解业主单位的业务需求，并将其作为监理工作的依据之一

B. 监理机构宜参与招标书的编制

C. 监理机构可参与招标答疑工作

D. 监理机构不宜对评标的评定标准提出监理意见

【小虎新视角】

人家是监理机构，怎么不能对评标的评定标准提出监理意见？这是人家的工作啊！要严把评标的评定标准关。

参考答案　53.（D）

54. 监理工程师在审批承包人提交的开工报告时，要对承包人提供的开工条件进行检查、核实、签认、审批，(　　)一般不是重点核实和审批的对象。

A. 施工人员组织　　　　B. 材料质量

C. 项目验收计划　　　　D. 施工工具配备

【小虎新视角】

题目说，“审批承包人提交的开工报告时”“对开工条件进行检查”。

严格扣题，题目一再强调的是“开工”。

所以，项目验收，不是重点核实和审批的对象。

参考答案 54.(C)

55. 在对项目内部各成员制定绩效任务时,首先应(　　)。

A. 对每个岗位的工作内容进行分解

B. 对每个岗位的工作在进度、成本、质量等上设定 KPI 值

C. 确定 KPI 的评分标准

D. 确定考核频率

【小虎新视角】

题目的问题是“首先应干什么”,也就是第一步干什么?

很容易判断,4个选项里,通过内在逻辑关系,可以分析出“对每个岗位的工作内容进行分解”是第一步。

参考答案 55.(A)

56. 某一项目,初始投资为2000万元,该项目从投产年开始每年的净效益如下表所列,则该项目的静态投资回收期约为(　　)年。

2011年	2012年	2013年	2014年	2015年
投入2000万元	净收益600万元	净收益700万元	净收益800万元	净收益500万元

A. 2.9　　　　B. 3.9

C. 2.7　　　　D. 3.8

【小虎新视角】

2012年+2013年+2014年的收益是:

600+700+800=2100(万元)

不到3年,就可以收回投资。

答案只能从A、C中选择了。

2012年、2013年,已经收回投资600+700=1300(万元),还剩下700万元。

2014年一年的净收益是800万元。

还需要:700/800=0.875(年)=0.9(年)

所以,该项目的静态投资回收期约2+0.9=2.9(年)。

参考答案 56.(A)

57~58. 某项目包含A、B、C三项主要活动,项目经理在成本估算时采用自下而上的估算方法,估算出三项活动的成本分别为13万元、23万元和8万元,同时为了应对未来可能遇到

的不确定因素，预留了10万元的管理储备，同时为每个活动预留了2万元的准备金，该项目的总预算为(　　)万元。项目进行到第二个月时，实际花费为20万元，完成总工作量的30%。如果项目按照当前的绩效继续进行下去，预测项目的完工尚需成本ETC约为(　　)万元。

(57) A. 44　　B. 54
C. 60　　D. 50

(58) A. 46.7　　B. 40.7
C. 45　　D. 46

【小虎新视角】

(57)题：总预算＝A活动成本＋B活动成本＋C活动成本＋管理储备＋A活动预留准备金＋B活动预留准备金＋C活动预留准备金＝13＋23＋8＋10＋2×3＝60（万元）

(58)题：项目进行到第二个月时，实际花费为20万元，完成总工作量的30%。

可知：A、C＝20(万元)，项目按照当前的绩效继续进行下去，总共需要的成本是：

20/30%＝66.7(万元)

预测项目的完工尚需成本ETC＝66.7－20＝46.7(万元)

参考答案　57.(C)　　58.(A)

59. 确定使用于项目的质量标准并决定如何满足这些标准是(　　)过程的主要功能。

A. 质量目标　　B. 质量保证
C. 质量方针　　D. 质量计划

【小虎新视角】

题目说的“XX过程”，关键词“过程”，只能选择质量保证、质量计划。

我们很少听到目标过程、方针过程哟！

根据题意，“确定使用于项目的质量标准并决定如何满足这些标准”，就只能选择“质量计划”。

参考答案　59. (D)

60. 项目质量管理通过质量规划、质量保证、质量控制程序和过程以及连续的过程改进活动来实现，其中(　　)关注项目执行过程中的质量。

A. 质量保证　　B. 质量规划
C. 质量控制　　D. 质量改进

【小虎新视角】

项目分为：项目规划、项目执行、项目控制、项目改进等过程。

题目又说了，“质量规划、质量保证、质量控制程序和过程以及连续的过程改进活动”。

据此一一对应，质量保证关注项目执行过程中的质量。

参考答案 60.（A）

61.（　　）可以作为项目质量控制中问题识别和问题分析的工具。

A. 帕累托分析　　B. 直方图

C. 核对表　　D. 因果分析

【小虎新视角】

（1）帕累托分析，即二八原则分析，作用是找出影响项目质量的主要因素。

问题就摆在那儿，不能问题识别。

（2）直方图，就是条形图，直观显示影响项目质量的因素及影响的危害程度。

影响质量的问题已经有了，不能问题识别。

（3）核对表，又称计数表，用于收集数据的查对清单。它合理地排列各种事项，以便有效地收集关于潜在质量问题的有用数据。在开展检查以识别缺陷时，用核对表收集属性数据就特别方便。质量核对表是一种结构化的工具，具体列出了各项内容，用来核实一系列步骤是否已经执行。

（4）因果分析，又叫石川图或者鱼骨图，直观地反映了影响项目的各种潜在原因或者结果，以及构成因素同各种可能出现的问题之间的关系。因果图强调知道结果，寻找原因。

参考答案 61.（D）

62～63. 按照软件配置管理的基本指导思想，受控制的对象应是（　　）。实施软件配置管理包括4个最基本的活动，其中不包括（　　）。

（62）A. 软件元素　　B. 软件项目

C. 软件配置项　　D. 软件过程

（63）A. 配置项标识　　B. 配置项优化

C. 配置状态报告　　D. 配置审计

【小虎新视角】

（62）题：题目多次提及“按照软件配置管理”“实施软件配置管理”，配置是关键词。

当然，要选“软件配置项”，符合整个语境，是一脉相承的。

（63）题：题目说得很清楚，“4个最基本的活动”，当然，“配置项优化”，说得这么清楚是优化，很显然不是最基本的活动啊！

参考答案 62.（C） 63.（B）

64. 在需求跟踪过程中，检查设计文档、代码、测试用例等工作成果是否都能在《产品需求规格说明书》中找到出处的方法属于（ ）。

A. 逆向跟踪　　B. 正向跟踪

C. 双向跟踪　　D. 系统跟踪

【小虎新视角】

注意："需求跟踪"这个词，需求是方向，需求是源头，通过《产品需求规格说明书》，通过需求，来追溯每一个需求是否实现了，是否得到满足了。这是正向跟踪。

设计文档、代码、测试用例等工作成果，是否能在《产品需求规格说明书》中找到出处，就很好理解了，逆向跟踪。

参考答案 64.（A）

65. 测试人员在测试某一功能时，发现该功能在需求说明书里没有，他接下来正确的做法是（ ）。

A. 在需求说明书中补充该功能　　B. 汇报项目经理，让其查明原因

C. 找开发人员沟通，让其删除该功能　　D. 找用户沟通，该功能是否需要

【小虎新视角】

项目经理是项目第一负责人，发现问题，当然要汇报给项目经理。

解决问题的第一步，让其查明原因，好有针对性地解决问题哟！

参考答案 65.（B）

66～67. 已知网络图各段路线所需费用如下图所示，图中甲线和乙线上的数字分别是对相应点的有关费用，从甲线到乙线的最小费用路线是（ ）条，最小费用为（ ）。

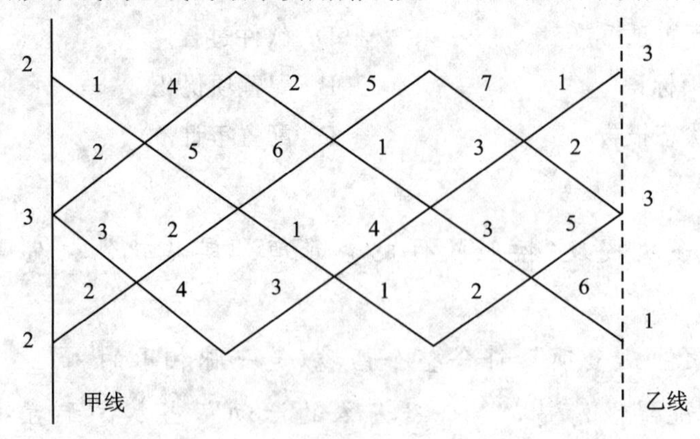

(66) A. 1　　B. 2
C. 3　　D. 4

(67) A. 15　　B. 16
C. 17　　D. 18

【小虎新视角】

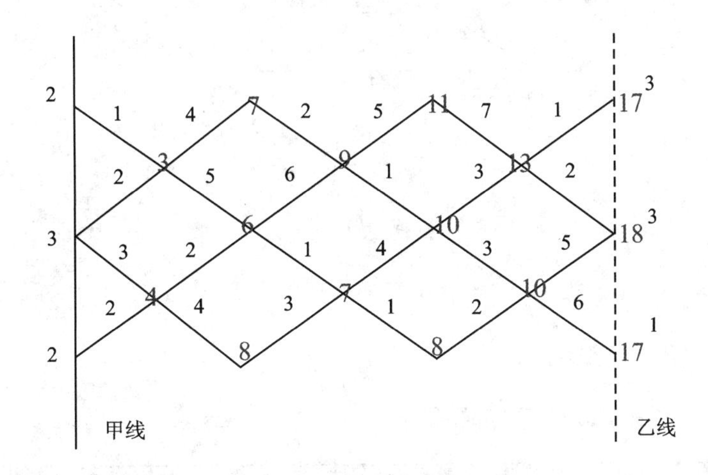

从甲线到乙线的最小费用路线是2条,(66)题选择B。

最小费用为17,(67)题选择C。

如图两条粗线所示:

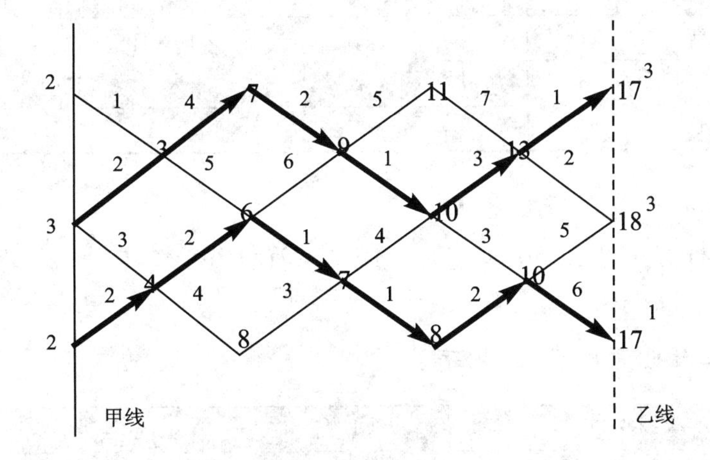

参考答案 66. (B)　　67. (C)

68~69. 已知有6个村子,相互之间道路的距离如下图所示。现拟合建一所小学,已知甲村有小学生50人,乙村40人,丙村60人,丁村20人,戊村70人,己村90人。从甲村到己村的最短路程是(　　);小学应该建在(　　)村,使全体学生上学所走的总路段最短。

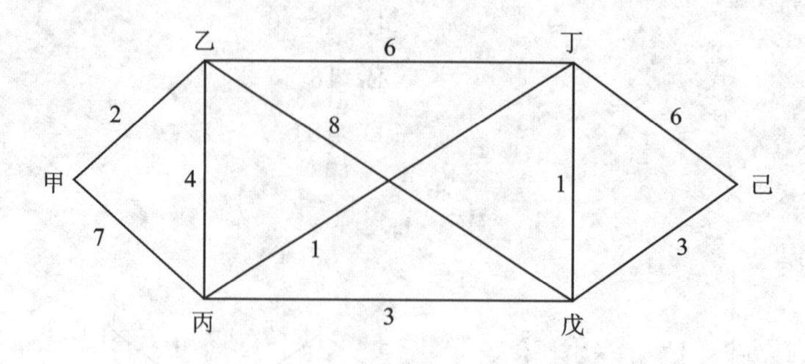

(68) A. 10　　B. 11

C. 12　　D. 14

(69) A. 甲　　B. 丙

C. 丁　　D. 己

【小虎新视角】

(68)题：依据题意，仅仅考虑路径：

	甲	乙	丙	丁	戊	己
甲		2	6	7	8	11
乙	2		4	5	6	9
丙	6	4		1	2	5
丁	7	5	1		1	4
戊	8	6	2	1		3
己	11	9	5	4	3	

从甲村到己村的最短路程是**11**。

(69)题：甲村有小学生50人，乙村40人，丙村60人，丁村20人，戊村70人，己村90人。

把小学生人数也考虑进去，则有：

	甲	乙	丙	丁	戊	己
甲		100	300	350	400	550
乙	80		160	200	240	360
丙	360	240		60	120	300
丁	140	100	20		20	80
戊	560	420	140	70		210
己	990	810	450	360	270	
合计	2130	1670	1070	1040	1050	1500

小学应该建在丁村，使全体学生上学所走的总路段最短，仅为1040。

参考答案 68.（B） 69.（C）

70. 有一种游戏为掷两颗骰子，其规则为：当点数和为2时，游戏者输9元；点数和为7或者11时，游戏者赢X元；其他点数时均输1元。依据EMV准则，当X超过（ ）元时游戏才对游戏者有利。

A. 3.5　　B. 4

C. 4.5　　D. 5

【小虎新视角】

掷一颗骰子，点数有6种可能，分别是：1、2、3、4、5、6，并且每种点数出现的概率都相同，都是1/6。

掷两颗骰子，点数的和为2，只能是每颗骰子都是1点，有1种可能性；点数的和为11，只能其中一颗骰子是6点，另一颗骰子是5点，有2种可能性；点数的和为7，可能性是：

1＋6

2＋5

3＋4

4＋3

5＋2

6＋1

有6种可能性。

掷两颗骰子，总共可能性是6×6＝36种可能性，所以，掷其他点数的可能性为：36－1－2－6＝27。

依据题意可得：

$(6+2)\times X=1\times 9+27\times 1$

$X=36/8=4.5$

参考答案 70.（C）

2014 年信息系统项目管理师考试

试题与讲解

2014 年上半年信息系统项目管理师考试上午试题讲解

1. 结构化法是信息系统开发的常用方法之一，它将信息系统软件生命大致分为系统规划、系统分析、系统设计、系统实施和系统维护 5 个阶段，每个阶段都有明确的工程任务，各阶段工作按顺序展开。下列任务中，(　　)不属于系统规划或系统分析阶段。

A. 调查应用部门的环境、目标和应用系统

B. 研究开发新系统的必要性和可行性

C. 用形式化或半形式化的描述说明数据和处理过程的关系

D. 用 ER 图建立数据模型

【小虎新视角】

小伙伴知道概念模型、物理模型、逻辑模型，这一套模型都属于信息系统系统设计阶段的事情。

"ER 图建立数据模型"，是概念模型，用来描述现实世界，是数据库概念设计的重要内容。数据库概念设计属于数据库设计内容，而数据库设计又属于系统设计工作，故应选 D 项。

参考答案　1.（D）

2.(　　)不属于信息系统项目的生命周期模型。

A. 瀑布模型　　B. 迭代模型

C. 螺旋模型　　D. 类-对象模型

【小虎新视角】

类-对象是程序设计中面向对象开发方法的概念，类-对象模型不属于信息系统项目的生命周期模型。

参考答案　2.（D）

3. 软件过程改进(Software Process Improvement，SPI)是帮助软件企业对其软件(制作)过程的改变(进)进行计划、实施的过程。根据相关标准，软件过程改进一般从(　　)开始。

A. 计划变更　　B. 领导建议

C. 问题分析　　D. 知识创新

【小虎新视角】

题目问的是,“软件过程改进一般从(　　)开始”,从四个选项分析,计划变更,太早;领导建议,太官僚;知识创新,太虚。

选C最适合,从问题入手,进行问题分析。

参考答案　3.(C)

4. 国家电子政务总体框架主要包括:服务与应用;信息资源;(　　);法律法规、标准化体系、管理体制。

A. 基础设施　　B. 过程管理

C. 信息安全　　D. 信息共享

【小虎新视角】

题干说“国家电子政务总体框架”,关键词是“国家”“总体框架”。

国家层面,更关注电子政务的基础设施,因为基础设施是支撑。

所谓,服务是宗旨,应用是关键,信息资源是基础,基础设施是支撑,法律法规、标准化体系、管理体制是保障。

参考答案　4.(A)

5.(　　)主要是针对用户使用的绩效,而不是针对软件自身的度量指标。

A. 内部质量　　B. 使用质量

C. 外部质量　　D. 可用性度量

【小虎新视角】

题干讲的是“主要是针对用户使用的绩效”。“使用”是关键字,当然,就是使用质量啦!

参考答案　5.(B)

6.(　　)是指企业与政府机构。

A. B2A　　B. B2B

C. B2C　　D. C2A

【小虎新视角】

小伙伴都知道这里的B是指Business(企业);C是指Customer(消费者)。

B2B,企业与企业之间进行电子商务活动。

B2C,企业与消费者之间进行电子商务活动。

题干讲的是企业与政府机构之间进行电子商务活动,而“C”指的是与消费者之间进行电子商务活动，由此可以排除选项 B、C、D。

参考答案 6.（A）

7.（ ）不属于对需求描述的精确性要求。

A. 能确认需求　　B. 能验证需求的实现

C. 能估算需求的成本　　D. 能评估需求变更的影响

【小虎新视角】

题目本意是说：如何才能达到对需求描述的精确性要求。

应该精确到能确认需求，验证需求的实现，估算需求的成本。

一般，人们不会在需求描述的时候，就去考虑和评估这个需求如果发生变更可能带来的影响，因为这样做为时过早，也不现实。

关键点：需求描述与需求变更，是不同阶段的事情。这是项目管理一再强调的，要注意阶段。

参考答案 7.（D）

8. 在实施监理工作中，总监理工程师具有（ ）。

A. 组织项目施工验收权　　B. 工程款支付凭证签认权

C. 工程建设规模的确认权　　D. 分包单位选定权

【小虎新视角】

在实施监理工作过程中，我们需要知道有哪些单位涉及其中。

一般有建设单位（甲方）、施工单位（乙方）、监理单位（独立第三方）。

有了这个概念，该选哪个选项，就好判断了。

有组织项目施工验收权、工程建设规模的确认权以及分包单位选定权的应该都是建设单位。因为人家是甲方嘛，是花钱请人办事的单位嘛！

参考答案 8.（B）

9. 由总监理工程师主持编写，监理单位技术负责人书面批准，用来指导监理机构开展监理工作的指导性文件是（ ）。

A. 监理合同　　B. 监理规划

C. 监理细则　　D. 监理报告

【小虎新视角】

本题的关键词是："指导性文件"。

监理合同，简单理解就是一个合同，它不能指导监理机构开展监理工作。

监理报告是一个阶段性监理成果汇总文档，不是指导性文件。

我们知道，方针、政策、原则具有指导性，但是监理细则是一个实施性文件，不是指导性文件。

监理规划属谋篇布局、高瞻远瞩的文件，当然是指导性文件，用来指导监理机构开展监理工作。

监理规划是指总监理工程师接受项目监理的委托，根据业主对该项目监理的要求，在详细占有被监理项目有关资料的基础上，结合监理的具体条件，为开展项目监理的工作所编制的指导性文件。

参考答案 9.（B）

10. 软件过程管理一般包括：启动和范围定义；软件项目计划；（　　）；评审和评价；关闭和软件工程度量。

A. 需求管理　　B. 软件项目实施

C. 项目测试　　D. 变更管理

【小虎新视角】

做项目，有计划，有执行，有结果。

有计划当然就是：软件项目计划。

有结果指的是：评审和评价。

有执行，结合4个选项可知应选B项，软件项目实施。

参考答案 10.（B）

11. 用例图主要用来描述用户与系统功能单元之间的关系，它展示了一个外部用户能够观察到的系统功能模型图。在一个订票系统中，下图表现的是（　　）关系。

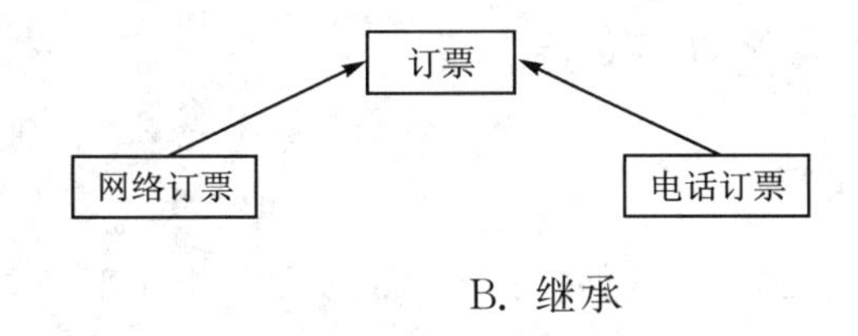

A. 泛化　　B. 继承

C. 扩展　　D. 依赖

【小虎新视角】

注意箭头，也就是方向性问题，题目问的是用例“网络订票（或者电话订票）”与“订票”之间的关系是什么。

因为箭头是指向用例“订票”的，很显然，订票用例是父用例，网络订票用例（或者电话订票用例）是子用例，所以它们之间是泛化关系。

泛化关系，泛化的英文单词就是 Generalization，意思是："一般性、概括、泛化"。

小虎观点：

(1) 有明显父子继承关系；

(2) 箭头指向父用例，也就是一般性用例；

就是泛化关系。

用例之间的关系包括：泛化关系、包含关系、扩展关系、依赖关系等。

在 UML 中，用例泛化表示为一个三角的实线箭头，从子用例指向父用例。

参考答案 11.（A）

12. 文档管理是软件开发过程中一项非常重要的工作，根据 GB/T 16680—1996 中的相关规定，描述开发小组职责的文档属于（　　）。

A. 人力资源文档　　B. 管理文档

C. 产品文档　　D. 开发文档

【小虎新视角】

既然题干说，"描述开发小组职责的文档属于"，顾名思义，本题应选择选项 D "开发文档"。

知识点：

GB/T 16680—1996 中的相关规定，软件文档分为 3 种类别，分别是：开发文档、产品文档、管理文档。

开发文档描述开发过程本身。

产品文档描述开发过程的产物。

管理文档记录项目管理的信息。

参考答案 12.（D）

13. 按照标准 GB/T 16260.1《软件过程　产品质量　第 1 部分质量模型》规定，软件产品的"安全性"属性属于（　　）评价内容。

A. 外部质量　　B. 内部质量

C. 过程质量　　D. 使用质量

【小虎新视角】

日常生活中，说得比较多的是"软件安全使用"或者"软件使用安全"。

而讲"软件过程安全""软件外部安全""软件内部安全"很别扭，不多见。

知识点：

使用质量的属性分为四个特性：有效性、生产率、安全性和满意度。

(1) 有效性：软件产品在指定的使用周境下，使用户能达到与准确性和完备性相关的规定目标的能力。

(2) 生产率：在指定的使用周境下，使用户为达到有效性而消耗适当数量的资源的能力。

(3) 安全性：在指定的使用周境下，达到对人类、业务、软件、财产或环境造成损害的可接受的风险级别的能力。

(4) 满意度：使用户满意的能力。

参考答案 13. (D)

14. 按照GB/T 16680《软件文档管理指南》规定，(　　)是正确的。

A. 软件产品的所有文档都应会签

B. 修改单的签署可与被修改文档的签署不一样

C. 软件产品的所有文档的签署不允许代签

D. 一般来讲软件文件审核与批准是一个责任人

【小虎新视角】

用排除法。

选项A中的"会签"是什么呢？是各发文部门领导共同签署文件。

"软件产品的所有文档都应会签"，这个成本太高了，不现实。

选项B，修改单的签署与被修改文档的签署要有一致性，即应该一样，也就是说要对签署负责，谁签署谁负责。

选项D，一般来讲，软件文件审核与批准不是同一个责任人，文件审核与批准独立，管理上可以相互监督。

参考答案 14. (C)

15.《计算机信息系统安全保护等级划分准则》规定了计算机系统安全保护能力的5个等级。其中，按照(　　)的顺序从左到右安全能力逐渐增强。

A. 系统审计保护级、结构化保护级、安全标记保护级

B. 用户自主保护级、访问验证保护级、安全标记保护级

C. 访问验证保护级、系统审计保护级、安全标记保护级

D. 用户自主保护级、系统审计保护级、安全标记保护级

【小虎新视角】

知识点：

计算机系统安全保护能力的5个等级：用户自主保护级、系统审计保护级、安全标记保护级、结构化保护级、访问验证保护级。

参考答案 15.（D）

16～17. OSI安全体系结构定义了五种安全服务，其中（ ）用于识别对象的身份并对身份核实。（ ）用于防止对资源的非授权访问，确保只有经过授权的实体才能访问受保护的资源。

（16）A. 安全认证服务　　B. 访问控制安全服务
　　C. 数据保密性安全服务　　D. 数据完整性安全服务

（17）A. 安全认证服务　　B. 访问控制安全服务
　　C. 数据保密性安全服务　　D. 数据完整性安全服务

【小虎新视角】

第16题，"用于识别对象的身份并对身份核实"，其中的"识别""核实"说的不就是"认证"，安全认证服务吗？

第17题，题干讲了"防止对资源的非授权访问，确保只有经过授权的实体才能访问受保护的资源"，两处讲到的"访问"就是"访问控制安全服务"。

参考答案 16.（A）　17.（B）

18.（ ）属于QA的主要职责。

A. 组织对概要设计同行评审

B. 检查工作产品及过程与规划的符合性

C. 组织对软件过程的改进

D. 文件版本管理

【小虎新视角】

QA是质量保证Quality Assurance的缩写。

看到"质量保证"，首先想到"过程"，故只能选择B项或者C项。

软件质量、产品质量通过过程、流程来保障。所谓质量管理体系，即选项B所说的"检查工作产品及过程与规划的符合性"。

"组织对软件过程的改进"，有几个关键词"组织""过程改进"，这是SEPG（Software Engineering Process Group），即软件工程过程小组的职责所在。

参考答案 18.（B）

19. 依照TCP/IP协议,(　　)不属于网络层的功能。

A. 路由　　B. 异构网互联

C. 数据可靠性校验　　D. 拥塞控制

【小虎新视角】

小虎观点:"数据可靠性校验"是指数据校验。数据校验,有可能就是数据链路层的功能呢!

知识点:

数据可靠性校验是数据链路层的功能。

网络层负责管理网络地址,定位设备,决定路由。

网络层提供路由和寻址的功能,使两终端系统能够互连且决定最佳路径,并具有一定的拥塞控制和流量控制的能力。

参考答案 19.(C)

20. 某企业内部拥有几百台计算机终端,但只能获得1~10个公用IP地址,为使所有终端均能接入互联网,可采用(　　)的IP地址管理策略。

A. 每台计算机分配一个固定的公用IP地址

B. 每台计算机分配一个固定的专用IP地址

C. 网络地址转换

D. 限制最多10台计算机上网

【小虎新视角】

题干说得很清楚——"某企业内部拥有几百台计算机终端,只能获得**1~10个**公用IP地址",选择A项或B项明显不行。

选项D,"限制最多10台计算机上网"不满足题干要求的"为使所有终端均能接入互联网"。

参考答案 20.(C)

21. 在TCP/IP协议分层结构中,SNMP是在(　　)协议之上的异步请求/响应协议。

A. TCP　　B. IP

C. UDP　　D. FTTP

【小虎新视角】

开放系统互连参考模型(Open System Interconnection/Reference Model,OSI/RM),从下往上分别是物理层、数据链路层、网络层、传输层、会话层、表示层、应用层7层结构。

TCP/IP 协议族可被大致分为应用层、传输层、网际层、网络接口层 4 层。

<table>
<tr><th>TCP/IP 公层</th><th>对应 OSI 分层</th><th colspan="3">TCP/IP 协议族</th></tr>
<tr><td rowspan="2">应用层</td><td>应用层</td><td rowspan="2">POP3
FTP HTTP
Telnet SMTP</td><td rowspan="4">NFS</td><td rowspan="2">DHCP TFTP
SNMP DNS</td></tr>
<tr><td>表示层</td></tr>
<tr><td rowspan="2">传输层</td><td>会话层</td><td rowspan="2">TCP</td><td rowspan="2">UDP</td></tr>
<tr><td>传输层</td></tr>
<tr><td>网际层</td><td>网络层</td><td colspan="3">IP ICMP IGMP ARP RARP</td></tr>
<tr><td rowspan="2">网络接口层</td><td>数据链路层</td><td colspan="3" rowspan="2">CSMA/CD TokingRing</td></tr>
<tr><td>物理层</td></tr>
</table>

参考答案 21.（C）

22. 某高校在进行新的网络规划和设计时，重点考虑的问题之一是网络系统应用和今后网络的发展。为了便于未来的技术升级与衔接，该高校在网络设计时应遵循（　　）原则。

A. 先进性　　B. 高可靠性

C. 标准化　　D. 可扩展性

【小虎新视角】

题干说，重点考虑的问题是：

（1）今后网络的发展；

（2）为了便于未来的技术升级与衔接。

讲的都是网络设计适应以后的发展、以后的扩展。所以要遵循可扩展性原则。

参考答案 22.（D）

23.（　　）是 WLAN 常用的上网认证方式。

A. WEP 认证　　B. SIM 认证

C. 宽带拨号认证　　D. PpoE 认证

【小虎新视角】

微信息法，落一叶而知秋，窥斑见豹。

WLAN 含有“W”，WEP 也含有“W”，都是“Wire”（无线）的首字母。

参考答案 23.（A）

24. 某软件的工作量是 20000 行，由 4 人组成的开发小组开发，每个程序员的生产效率是 5000 行/人月，每对程序员的沟通成本是 250 行/人月，则该软件需要开发（　　）个月。

A. 1　　B. 1.04

C. 1.05　　D. 1.08

【小虎新视角】

4人组成的开发小组开发，则有C_4^2(4×3/2=6)对程序员。

假设该软件需要开发X个月，则有如下等式：

250×6×X+20000=5000×4×X，　X=1.08。

参考答案　24.(D)

25. 评估和选择最佳系统设计方案时，甲认为可以采用点值评估方法，即根据每一个价值因素的重要性，综合打分再选择最佳的方案。乙根据甲的提议，对系统A和系统B进行评估，评估结果如下表所列，那么乙认为(　　)。

评估因素的重要性占比	系统A评估值	系统B评估值
硬件40%	90	80
软件40%	80	85
供应商支持20%	80	90

A. 最佳方案是系统A　　B. 最佳方案是系统B

C. 条件不足，不能得出结论　　D. 只能用成本/效益分析方法做出判断

【小虎新视角】

系统A的得分：40%×90+40%×80+20%×80=84

系统B的得分：40%×80+40%×85+20%×90=84

系统A与系统B的得分完全一样，都是84分，条件不足，不能得出谁是最佳方案的结论。

参考答案　25.(C)

26. 以下关于综合布线及综合布线系统的叙述中，(　　)是不正确的。

A. 综合布线领域广泛遵循的标准是EIA/TIA 568A

B. 综合布线系统的范围包括单幢建筑和建筑群体两种

C. 单幢建筑的综合布线系统工程范围一般指建筑内部敷设的通信线路，不包括引出建筑物的通信线路

D. 综合布线系统的工程设计和安装施工应分步实施

【小虎新视角】

选项C"单幢建筑的综合布线系统工程范围一般指建筑内部敷设的通信线路，不包括引出建筑物的通信线路"。

既然讲的是综合布线系统，当然要包括引出建筑物的通信线路，体现"综合"二

字嘛！

参考答案 26.（C）

27. 下列关于项目投资回收期的说法中，（　　）是正确的。

A. 项目投资回收期是指以项目的净收益回收项目投资所需要的时间

B. 项目投资回收期一般以年为单位，并从项目投产开始年算起

C. 投资回收期越长，则项目的盈利和抗风险能力越强

D. 投资回收期的判别基准是基本投资回收期

【小虎新视角】

选项B，既然讲“一般”，一般都是以“项目建设开始年算起”，而不是“从项目投产开始年算起”。

如果从项目投产开始年算起的，应予以特别注明。

选项C“投资回收期越长，则项目的盈利和抗风险能力越强”显然不对。回收期越长，譬如10年、100年，风险越大，怎么会是抗风险能力越好呢？有违常识哟！

应该是：投资回收期越短，则项目的盈利和抗风险能力越强。

再看选项D。投资回收期分为静态投资回收期和动态投资回收期。

投资回收期的判别基准是基准投资回收期，而不是基本投资回收期。

参考答案 27.（A）

28. 某承诺文件超过要约规定时间到达要约人。依据邮寄文件收函邮局戳记标明的时间，受要约人是在要求的时间内投邮，由于邮局错递而错过了规定时间。对此情况，该承诺文件（　　）。

A. 因迟到而自然无效

B. 必须经要约人发出接受通知后才有效

C. 必须经要约人发出拒绝通知后才无效

D. 因非受要约人的原因迟到，要约人必须接受该承诺

【小虎新视角】

《合同法》第二十六条规定：承诺通知到达要约人时生效。承诺不需要通知的，根据交易习惯或者要约的要求做出承诺的行为时生效。

因为是“邮局错递而错过了规定时间”，但是按照合同法，毕竟是过了要约规定的时间，所以这个时候，“必须经要约人发出拒绝通知后才无效”，既合法又合理，充满深深的人情味。所以正确答案为C项。

选项A，没有考虑到“邮局错递而错过了规定时间”这个实际情况，只要要约人

不发出拒绝通知,也是可以接受的,也就是说承诺文件也是可以生效的。

如此分析,选项B,也是错误的哟!

按法律条款,选项D明显不对,因为错过了要约规定的时间,不能要求"要约人必须接受该承诺"。

参考答案 28.(C)

29. 某软件开发企业,在平面媒体上刊登了其开发的财务软件销售商业广告,概要介绍了产品的功能。按照合同法规定,该商业广告属于( )。

A. 要约　　B. 承诺

C. 要约邀请　　D. 承诺邀请

【小虎新视角】

知识点:

要约:又称发盘与报价,是卖方向买方当事人所做的、邀请订立的合同。

要约邀请:表示希望他人向自己发出要约,如寄送的价目表、拍卖公告、招标公告、招股说明书、商业广告等

承诺:表示通常是买方,即被要约人无条件、完全同意要约人的要约,愿意按此订立合同。

参考答案 29.(C)

30. 某集成企业的软件著作权登记发表日期为2013年9月30日,按照我国《著作权法》规定,其权利保护期到( )。

A. 2063年12月31日　　B. 2063年9月29日

C. 2033年12月31日　　D. 2033年9月29日

【小虎新视角】

简单记忆:

作者的署名权、修改权、保护作品完整权的保护期不受限制,其他权益的保护期都是50年,准确的说法是:截止于作品首次发表后**第50年的12月31日**。

某集成企业的软件著作权登记发表日期为2013年9月30日,按照《著作权法》的规定,其权利保护期到2063年12月31日,应选A项。

参考答案 30.(A)

31. 以下有关质量保证的叙述中,( )是错误的。

A. 制订一项质量计划就可确保实际交付高质量的产品和服务

B. 质量保证是一项管理职能,包括所有有计划地、系统地为保证项目能够满足相关的质量标准而建立的活动

C. 质量保证应该贯穿于整个的项目生命期

D. 质量审计是对其他质量管理活动的结构性的审查,是决定一个项目质量活动是否符合组织政策、过程和程序的独立的评估

【小虎新视角】

选项A,"制订一项质量计划就可确保实际交付高质量的产品和服务",如照此逻辑,还谈什么质量保证,质量保证不成了多此一举吗?

参考答案 31.(A)

32. 风险预测一般是从风险发生的可能性和(　　)两个方面来评估风险。

A. 风险发生的原因　　B. 风险监控技术

C. 风险能否消除　　D. 风险发生所产生的后果

【小虎新视角】

题干说"从风险发生的可能性",后面紧接着就是"风险发生所产生的后果",可谓一脉相承,水到渠成。

参考答案 32.(D)

33. 风险的成本估算完成后,可以针对风险表中的每个风险计算其风险曝光度。某软件小组计划项目中采用60个可复用的构件,每个构件平均是100 LOC,每个LOC的成本是13元人民币。下面是该小组定义的一个项目风险:

(1) 风险识别:预定要复用的软件构件中只有60%将被集成到应用中,剩余功能必须定制开发。

(2) 风险概率:50%。

(3) 该项目风险的风险曝光度是(　　)。

A. 23400　　B. 65000

C. 15600　　D. 19500

【小虎新视角】

风险曝光度(Risk Exposure, RE)的计算公式为 $RE=P\times C$,其中,P 是风险发生的概率,C 是风险发生时带来的项目成本。

该软件小组计划采用60个可复用的构件,只有60%将被集成到应用中,也就是36(即60×60%)个可集成到应用中,剩下的24(即60－36)个构件则需定制开发。

因为每个构件平均是100 LOC，每个LOC的成本是13元人民币，则开发构件的整体成本$C=24\times100\times13=31200$元人民币。

因此，该项目风险的风险曝光度是$RE=0.5\times31200=15600$元人民币。

参考答案 33.（C）

34. 某网络系统安装实施合同约定的开工日为2月1日。由于机房承包人延误竣工，导致网络系统安装承包人实际于2月10日开工。网络系统安装承包人在5月1日安装完毕并向监理工程师提交了竣工验收报告，5月10日开始进行5天启动连续试运行，结果表明安装实施有缺陷。网络系统安装承包人按照监理工程师的要求进行了调试工作，并于5月25日再次提交请求验收申请。5月26日再次试运行后表明安装工作满足合同规定的要求，参与试运行的有关各方于6月1日签署了同意移交工程的文件。为判定承包人是提前竣工还是延误竣工，应以（　　）作为网络系统安装实施的实际工期并与合同工期比较。

A. 2月1日至5月10日　　B. 2月1日至5月25日

C. 2月10日至5月26日　　D. 2月10日至6月1日

【小虎新视角】

题目问的是应将哪一天作为"实施的实际工期并与合同工期比较"。既然是说实施的实际工期，那么我们就要看实际的开工日期以及最终明确表明满足合同规定要求的时间点。

项目实施的实际开工日期是2月10日，最终明确表明满足合同规定要求的时间点是5月26日，也就是项目结束日期。

所以，此题应选C项。

参考答案 34.（C）

35. 某项目各项工作的先后顺序及工作时间如下表所列，该项目的总工期为（　　）天。

序　号	活动名称	紧前活动	活动持续时间/天
1	A	—	5
2	B	A	7
3	C	A	5
4	D	A	6
5	E	B	9
6	F	C、D	13
7	G	E、F	6
8	H	F	5
9	I	G、H	2

A. 31　　B. 32

C. 33　　D. 34

【小虎新视角】

画出网络图，求出关键路径。

求关键路径，就是求最长路径。

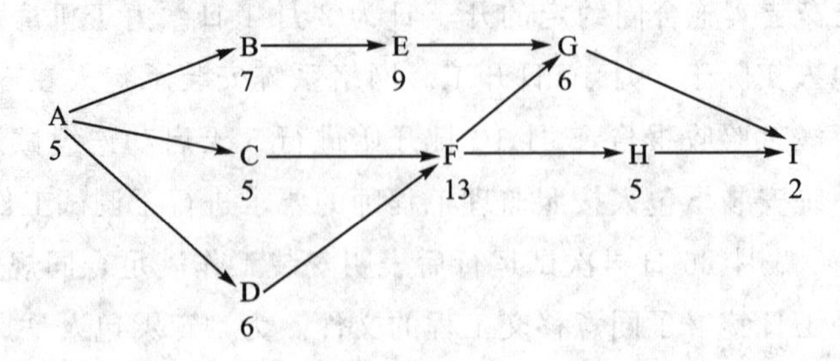

此题的关键路径为：**ADFGI**，工期为**32**天。

参考答案　35.（B）

36. 项目经理小李对一个小项目的工期进行估算时，发现开发人员的熟练程度对工期有较大的影响，如果都是经验丰富的开发人员，预计20天可以完成；如果都是新手，预计需要38天；按照公司的平均开发速度，一般26天可以完成。该项目的工期可以估算为（　　）天。

A. 26　　B. 27

C. 28　　D. 29

【小虎新视角】

解本题可用三点估算法。

项目估算工期＝(最悲观时间＋最可能时间×4＋最乐观时间)/6＝(38＋26×4＋20)/6＝27(天)

参考答案　36.（B）

37. 以下关于工作分解结构(WBS)的说法中，（　　）是正确的。

A. 凡是出现在WBS中的工作都属于项目的范围，凡是没有出现在WBS中的工作都不属于项目的范围，要想完成这样的工作，必须遵守变更控制流程

B. WBS最底层的工作单位叫工作包，一个项目的WBS应在项目早期就分解到最底层

C. 树状结构的WBS直观，层次清晰，适用于大型的项目

D. 业界一般把1个人40个小时能干完的工作称为1个工作包，依据分解得到的工作包能够可靠地估计出成本和进度

【小虎新视角】

解本题可采用排除法。

选项B中的“一个项目的WBS应在项目早期就分解到最底层”显然不对，尤其对于一个大型项目来说，项目早期，是不能一步到位分解到最底层的，只能逐步细化。

列表型结构适用于大型的项目，故选项C不正确。

业内一般把1个人2周能干完的工作称为1个工作包，或把1个人80小时能干完的工作称为一个工作包，故选项D不正确。

参考答案 37.（A）

38. 按照下图所示的项目分解结构，其中空白处的内容应为（　　）。

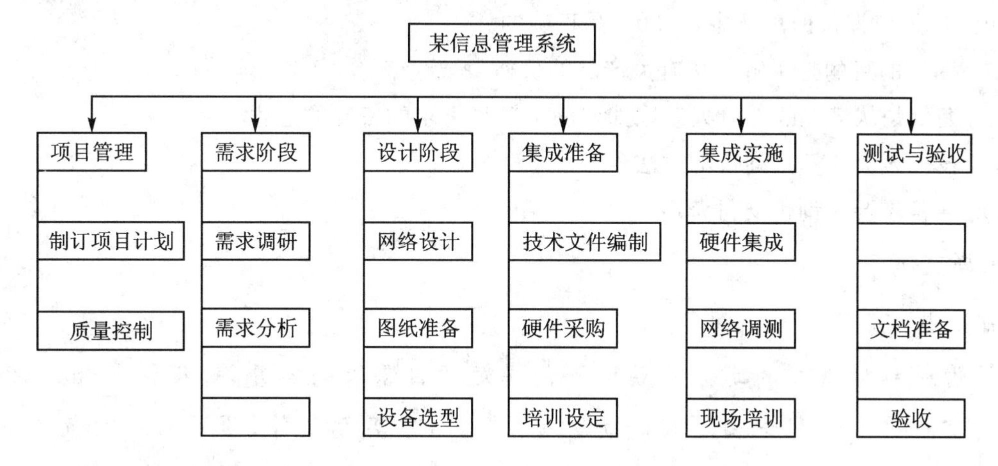

A. 需求开发、系统测试　　B. 需求开发、系统交付

C. 需求确认、系统测试　　D. 需求确认、系统交付

【小虎新视角】

题干中提到“需求阶段”，选“需求开发”不行，故选A、B项不行；选“需求确认”名正言顺。

题干中也提到“测试与验收”。如何体现“测试”二字？当然是“系统测试”，故应选A项。

如果选“系统交付”，则与“验收”有重复之嫌。既然交付，怎么还有“文档准备”一说？D项明显不符合逻辑。

系统测试之后，再准备文档，进行验收，这样的工作流程才无可挑剔。

参考答案 38.（C）

39. 某项目已制定了详细的范围说明书，并完成了WBS分解。在项目执行过程中，项目经理在进行下一周工作安排的时候，发现WBS中遗漏了一项重要的工作，那么接下来他应该首先（　　）。

A. 组织项目组讨论,修改 WBS

B. 修改项目管理计划,并重新评审

C. 汇报给客户,与其沟通,重新编写项目文档

D. 填写项目变更申请,对产生的工作量进行估算,等待变更委员会审批

【小虎新视角】

在执行过程中,项目发生变更,自然是按变更控制流程来进行处理,即填写项目变更申请,对产生的工作量进行估算,并等待变更委员会审批。

参考答案 39.(D)

40. 以下对询价的理解中,(　　)是正确的。

A. 询价的目的是了解市场有关产品的价格

B. 询价是从潜在的卖方处获取如何满足项目需求的答复的过程

C. 投标人会议不是询价的方法

D. 通常需要为询价支付费用

【小虎新视角】

知识点:

询价过程从潜在的卖方处获取如何满足项目需求的答复,如投标书和建议书。

通常在这个过程中由潜在的卖方完成大部分实际工作,项目或买方无需支付直接费用。

询价的方法有:投标人会议、刊登广告和制定合格卖方清单等。

据此可知选项 A 不正确。询价目的正是从潜在的卖方处获取如何满足项目需求的答复的过程。选项 B 正确。

参考答案 40.(B)

41. 某政府公开招标项目,在编制了招标文件并发布了招标公告后,招标人应随即(　　)。

A. 组织专家对招标文件进行评审

B. 出售招标文件,对潜在招标人资格预审

C. 接受参与投标人的投标书

D. 由评标委员会对投标文件进行预审

【小虎新视角】

题干明确说了,“在编制了招标文件并发布了招标公告后”,都已经招标公告了,怎么还会“组织专家对招标文件进行评审”“由评标委员会对投标文件进行预审”呢?

显然选项A和选项D都不正确。

与选项C相比，本题选B项更合适，因为题目问的是“招标人应随即”干什么。“对潜在招标人资格预审”比“接受参与投标人的投标书”更为迫切，更需要明确投标人到底具不具备投标资格。

资格预审是指在招投标活动中，招标人在发放招标文件前，对报名参加投标的申请人的承包能力、业绩、资格和资质、财务状况和信誉等进行审查，并确定合格的投标人名单的过程。

参考答案 41.（B）

42. 以下项目的招标过程中，（　　）的做法是正确的。

A. 某市计划投资建设大型轨道交通地铁项目，经多方专家论证，确定了项目的可行性并落实了资金来源。由于该市的第一条地铁项目的主要控制系统是系统集成商A建设的，经过投资方和专家委员会的共同评审，确定继续由集成商A承担此地铁项目的主要控制系统建设

B. 某政府采购项目，招标人编制了招标文件，由于此项目涉及政府的重要数据，因此招标文件中对投标人资质要求为具备涉密系统集成资质

C. 招标人在制定招标的评分标准时，设定其中一项评标项为“内部管理”，给出的评分细则是：“好”得5分，“较好”得4分，“一般”得3分，“较差”得2分，“差”得1分

D. 招标人收到投标方的标书后应该签收，并当面开启进行初审，确定提交的标书形式上是否完整

【小虎新视角】

解本题应采用排除法。

A选项说“该市的第一条地铁项目的主要控制系统是系统集成商A建设的”，“确定继续由集成商A承担此地铁项目的主要控制系统建设”。

照此逻辑，该市的所有地铁项目主要控制系统都由集成商A承担，还招什么标?!

这明显不符合招标常识！

招标分为公开招标和邀请招标，不能指定由某一公司承接，即使要采用单一来源采购也要符合：

（1）只能从唯一供应商处采购的；

（2）发生了不可预见的紧急情况，不能从其他供应商处采购的；

（3）必须保证原有采购项目一致性或者服务配套的要求，需要继续从原供应商处添购，且添购资金总额不超过原合同采购金额百分之十的。

C选项中并没有评分细则,“好”“较好”“一般”“较差”,太笼统,太主观,可操作性不强。

在制定评分标准时,不能采用“好”“较好”“一般”“较差”等模糊性的词语。

D选项中的“当面开启进行初审,确定提交的标书形式上是否完整”明显不符合逻辑——莫非不能快递标书?谁来当面开启?30家标书,要开30次,谁来保证标书开启不泄露标书信息?所以,当然是不能开启标书啦!至于“提交的标书形式上是否完整”当然是投标人自己对标书负责啦!

《招标投标法》第二十八条规定,投标人应当在招标文件要求提交投标文件的截止时间前,将投标文件送达投标地点。招标人收到投标文件后,应当签收保存,不得开启。投标人少于三个的,招标人应当依照本法重新招标。在招标文件要求提交投标文件的截止时间后送达的投标文件,招标人应当拒收。

参考答案 42.(B)

43.( )是用于编制沟通计划的输入。

A. 项目章程
B. 沟通管理计划
C. 沟通频率
D. 沟通术语词汇表

【小虎新视角】

项目章程是项目管理计划的输入,毕竟项目章程相当于项目管理总法,这类似于宪法是根本大法,所有法律都必须遵守。

沟通管理计划是编制沟通计划的输出。

沟通频率、沟通术语词汇表是沟通管理计划具体要包括的内容的一部分。

一定要分清,到底是过程管理的输入还是输出,这是关键。

参考答案 43.(A)

44. 下表是一份简单的项目沟通计划,该计划存在的最严重的问题是( )。

时 间	地 点	接收人	沟通活动	负责人	说 明
每周一上午	公司	项目组	周例会	项目经理	除特殊情况均应参加
每周五	公司	公司领导、项目组成员	项目情况沟通	项目经理	
理程碑结束	公司	项目组全体、公司领导	理程碑评审	项目经理	
每月	客户现场	项目经理、客户代表	项目情况沟通	项目经理	

A. 缺少沟通时间
B. 缺少沟通方式或信息传递方式
C. 接收人不明确
D. 沟通的负责人不应该都是项目经理

【小虎新视角】

解本题应采用排除法。

项目沟通计划表明确说了沟通时间以及接收人。所以，选项A和选项C就是"睁眼说瞎话"，把白说成了黑，明显不对。

选项D，沟通的负责人当然是项目经理，项目经理负责整个项目的管理，包括项目沟通管理。D选项不正确。

正确答案是选项B，缺少沟通方式或信息传递方式，比如是通过书面的还是口头的，正式的还是非正式的方式。

参考答案 44.(B)

45. 项目发生索赔事件后，一般先由(　　)依据合同进行调解。

A. 政府行政主管部门　　B. 监理工程师

C. 仲裁委员会　　D. 项目经理

【小虎新视角】

题目问的是"先由谁依据合同进行调解"，一般都是先内部解决，内部解决不了，再到政府行政主管部门，甚至仲裁委员会。

既然"项目发生索赔事件后"，当然先找独立第三方来断公道，监理就是独立第三方，所以，一般先由监理工程师依据合同进行调解，合情合理。

知识点：

项目发生索赔事件后，一般先由监理工程师调解，若调解不成，由政府建设主管机构进行调解，若仍调解不成，则由经济合同仲裁委员会进行调解或仲裁。在整个索赔过程中，遵循的原则是索赔的有理性、索赔依据的有效性、索赔计账的正确性。

参考答案 45.(B)

46. (　　)是项目干系人管理的主要目的。

A. 识别项目的所有潜在用户来确保完成项目总体设计

B. 避免项目干系人提出不一致的要求

C. 通过制定对项目干系人调查表来关注对项目的评价

D. 避免项目干系人在项目管理中出现严重分歧

【小虎新视角】

选项A讲到完成项目总体设计，这是项目研发的事情，怎么会是项目干系人管理的主要目的呢？

选项 B，无法避免，因为项目干系人可能会提出不一致的要求。

选项 C，把“对项目的评价”，说成项目干系人管理的主要目的，太轻描淡写了！选项 C 与选项 D 一比，孰优孰劣，一目了然。

项目干系人管理的主要目的是避免项目干系人在项目管理中出现严重分歧。

参考答案 46.（D）

47. 某软件公司开发某种软件产品时花费的固定成本为 16 万元，每套产品的可变成本为 2 元，设销售单价为 12 元，则需要销售（　　）套才能达到盈亏平衡点。

A. 14000　　　　B. 16000

C. 18000　　　　D. 20000

【小虎新视角】

假设需要销售 X 套才能达到盈亏平衡点，则有：

$2\times X+160000=12\times X$，

$X=16000$（套）

参考答案 47.（B）

48. 以下关于 IT 项目风险应对策略的描述中，（　　）是错误的。

A. 策略必须具有时效性

B. 策略必须与风险的严重程度相一致，避免花费比风险后果更多的资源去预防风险

C. 对于某个比较重要的风险，可以采用单个风险应对计划表来对其进行管理

D. 为避免风险进一步扩大，应尽可能让更少的项目干系人参与

【小虎新视角】

选项 D，明显不符合常识，不符合日常 IT 项目风险应对策略常识。

应该是：要让相关的干系人一起参与，因为这样可以群策群力嘛！而不是“尽可能让更少的项目干系人参与”。

参考答案 48.（D）

49. 在项目组合管理中，项目排序是对项目创造的（　　）和投入进行分析，以选择出对组织最有利项目的过程。

A. 功能性交付物　　　　B. 交付物

C. 期望货币值　　　　D. 期望价值

【小虎新视角】

创造，当然期望价值啦！更符合常识。

参考答案 49. (D)

50. 以下关于大型IT项目的叙述中,( )是不正确的。

A. 大型IT项目一般是在需求不十分清晰的情况下开始的,所以通常分解为需求定义和需求实现两个阶段

B. 对大型项目进行需求定义时,往往要求对业务领域有深刻的理解

C. 对大型项目进行需求实现时,往往要求对技术领域的精通

D. 大型IT项目的需求定义和需求实现通常都是由专业的咨询公司完成的

【小虎新视角】

大型IT项目的需求定义是由专业的咨询公司完成的,这个不存在争议,毕竟人家对业务领域有深刻的理解。

但是,需求实现,不就是系统开发吗?需求实现由专业的咨询公司来完成,就不靠谱了,这可是要对技术领域精通的哟!

需求实现由专业的系统集成公司来完成,是可行的。

参考答案 50. (D)

51. 在大型复杂IT项目管理中,为了提高项目之间的协作效率,通常应首先( )。

A. 确保每个项目经理都明确项目的总体目标

B. 建立统一的项目过程作为IT项目管理的基础

C. 为每一个项目单独建立一套合适的过程规范

D. 制订合理的沟通计划

【小虎新视角】

大型复杂项目管理,首先关注过程管理。

参考答案 51. (B)

52. 以下有关大型及复杂项目管理的说法中,( )是错误的。

A. 大型项目经理的日常职责更集中于管理职责

B. 大型项目管理模式接近于直接管理模式

C. 项目周期较长

D. 团队构成较复杂

【小虎新视角】

既然是大型及复杂的项目管理,当然是

(1) 项目周期较长;

(2) 团队构成较复杂；

(3) 大型项目经理的日常职责更集中于管理职责，对项目实现间接管理。

参考答案 52. (B)

53. 以下关于绩效报告的说法中，(　　)是错误的。

A. 绩效报告应包含项目的状态报告和进展报告，以及对项目的未来状况的预测

B. 形成绩效报告之前应收集项目的各种数据，进行分析和汇总，这些数据来源于项目执行过程中的记录

C. 通过对项目绩效的分析可能会产生项目变更的需求

D. 绩效报告应该关注项目的重要目标方面的内容，主要是对进度、质量和成本方面的绩效情况的量化分析，风险、采购等定性方面的内容不必纳入绩效报告中

【小虎新视角】

选项D说“风险、采购等定性方面的内容不必纳入绩效报告中”，这就有点绝对化了。如果需要，当然应包括风险和采购信息，毕竟这也是项目的基础、基准数据，会对项目绩效产生影响。

绩效报告是指搜集所有基准数据，并向项目干系人提供项目绩效信息。

一般来说，绩效信息包括为实现项目目标而输入的资源的使用情况。

参考答案 53. (D)

54. (　　)不是绩效报告应当包含的内容。

A. 绩效目标及其设立依据

B. 分析说明未完成项目目标及其原因

C. 对预算年度内目标完成情况进行总结

D. 项目计划网络图

【小虎新视角】

绩效报告是项目沟通管理的内容，而项目计划网络图是项目时间管理活动排序里的内容，它们是分属项目管理不同阶段的内容，故此，项目计划网络图也不是绩效报告应当包含的内容。正确答案为D项。

知识点：

项目计划网络图是项目时间管理中活动排序过程的输出。

项目网络图表示了项目的所有活动以及它们之间的逻辑关系(依赖关系)。

既可以手工编制，也可以在计算机上完成。

该图既可以包括整个项目的全部细节，也可以包含一个或多个概括性活动。

图中还应附有简要的说明，描述工作排序的基本方法，并对特殊排序充分地加以叙述。

参考答案 54.(D)

55. 绩效评价主要采用成本效益分析法、比较法、因素分析法、最低成本法、公众评判法等方法。下列叙述中属于成本效益分析法的是(　　)。

A. 通过综合分析影响绩效目标实现、实施效果的内外因素，评价绩效目标实现程度

B. 通过专家评估、公众问卷及抽样调查等对项目支出效果进行评判，评价绩效目标实现程度

C. 将一定时期内的支出与效益进行对比分析以评价绩效目标实现程度

D. 通过对绩效目标与实施效果、历史或当前情况、不同部门和地区同类项目的比较，综合分析绩效目标实现程度

【小虎新视角】

选项C"将一定时期内的支出与效益进行对比分析以评价绩效目标实现程度"里"支出"和"效益"信息，"支出"就是成本，淋漓尽致，一览无余，表明了属于成本效益分析法。

参考答案 55.(C)

56. 项目Ⅰ、Ⅱ、Ⅲ、Ⅳ的工期都是三年，在第二年末其挣值分析数据如下表所列。按此趋势，项目(　　)应最早完工。

项　目	预算总成本	EV	PV	AC
Ⅰ	1500	1000	1200	900
Ⅱ	1500	1300	1200	1300
Ⅲ	1500	1250	1200	1300
Ⅳ	1500	1100	1200	1200

A. Ⅰ　　B. Ⅱ

C. Ⅲ　　D. Ⅳ

【小虎新视角】

题目问的是哪个项目最早完工。当然要先求出每个项目的进度绩效指数SPI(SPI＝EV/PV)，再比较判断了——值越大绩效越好，也就是最早完工。

因为项目Ⅰ、Ⅱ、Ⅲ、Ⅳ的PV值都一样，那么只要比较**EV**值即可。哪个项目EV值最大，那么它的SPI就越大，项目Ⅱ的EV值最大，为1300，所以项目Ⅱ最早完工。

参考答案 56.(B)

57. 项目成本控制是指(　　)。

A. 对成本费用的趋势及可能达到的水平所作的分析和推断

B. 预先规定计划期内项目施工的耗费和成本要达到的水平

C. 确定各个成本项比预计要达到的目标成本的降低额和降低度

D. 在项目过程中,对形成成本的要素进行监督和调节

【小虎新视角】

题干的关键词是“控制”,而只有选项D中的“监督”,很好地诠释和体现了“控制”的含义。

知识点:

成本控制主要指工程项目施工成本的过程控制。

它通常是指在项目施工成本的形成过程中,对形成成本的要素,即施工生产所耗费的人力、物力和各项费用开支,进行监督、调节和限制;及时预防、发现和纠正偏差,从而把各项费用控制在计划成本的预定目标之内。这通常是工程项目施工成本管理活动中不确定因素最多、最复杂、最基础也是最重要的管理内容。

参考答案 57.(D)

58. 某信息系统项目最终完成的可行性研究报告的主要内容包括以下部分:

① 项目背景和概述　② 市场前景分析　③ 运行环境可行性分析

④ 项目技术方案分析　⑤ 项目投资及成本分析　⑥ 项目组织及投入资源分析

⑦ 可行性研究报告结论

该可行性报告缺少(　　)。

A. 风险分析、项目计划　　B. 风险分析、项目评估方法

C. 市场需求预测、项目计划　　D. 市场需求预测、项目评估方法

【小虎新视角】

既然是“可行性研究报告”,那就少不了“风险分析”以及“项目计划”,综合比较4个选项可知,最佳答案是A项。

知识点:

可行性研究报告的内容具体如下:

一、项目概述

1. 项目背景

2. 可行性研究的结论

(1) 项目的目标、规模

(2) 技术方案概述及特点

(3) 项目的建设进度计划

(4) 投资估算和资金筹措计划

(5) 项目财务和经济评价

(6) 项目综合评价结论

二、项目技术背景与发展概况

3. 项目提出的技术背景

4. 项目的技术发展现状

5. 编制项目建议书的过程及必要性

三、现行系统业务、资源、设施情况分析

6. 市场情况调查分析

7. 客户现行系统业务、资源、设施情况调查

四、项目技术方案

8. 项目总体目标

五、实施进度计划

9. 项目实施计划

六、投资估算与资金筹措计划

10. 项目投资估算

七、人员及培训计划

11. 项目组人员组成及培训

八、不确定性(风险)分析

12. 项目风险

九、经济和社会效益预测与评价

十、可行性研究结论与建议

参考答案 58. (A)

59. 以下关于软件测试与质量保证的叙述中,(　　)是正确的。

A. 软件测试关注的是过程中的活动,软件质量保证关注的是过程的产物

B. 软件测试是软件质量保证人员的主要工作内容

C. 软件测试是软件质量保证的重要手段

D. 软件质量保证人员就是软件测试人员

【小虎新视角】

软件测试是关注具体结果是否符合标准,软件质量保证是关注过程是否符合规定。

所以，选项 A 不正确。

同样，软件质量保证人员也就不是软件测试人员，因为两者的岗位职责不同嘛！故 D 项不对。

软件测试，当然不是软件质量保证人员的主要工作内容啦！故 B 项不对。

软件测试是软件质量保证的重要手段，正确答案为 C 项。

参考答案 59.（C）

60.（　　）不属于项目监控的工作内容。

A. 随时收集干系人需求　　B. 分析项目风险

C. 测量项目绩效　　D. 分发绩效信息

【小虎新视角】

收集干系人的需求，是项目沟通管理的工作内容，不是项目监控的工作内容。

参考答案 60.（A）

61. 配置审核的实施可以（　　）。

A. 防止向用户交付用户手册的不正确版本

B. 确保项目进度的合理性

C. 确认项目分解结构的合理性

D. 确保活动资源的可用性

【小虎新视角】

如果真能确保项目进度的合理性，那么就要在项目进度管理中专门进行配置管理，配置审核。既然没有讲，就表明关联性不大。由此可排除 B 项。

同理，可排除 C 项和 D 项。

知识点：

配置审核的任务便是验证配置项对配置标识的一致性。配置审核的实施是为了确保项目配置管理的有效性，体现配置管理的最根本要求，不允许出现任何混乱现象，如：

（1）防止出现向用户提交不合适的产品，如交付了用户手册的不正确版本。

（2）发现不完善的实现，如开发出不符合初始规格说明的产品或未按变更请求实施变更。

（3）找出各配置项间不匹配或不相容的现象。

（4）确认配置项已在所要求的质量控制审查之后作为基线入库保存。

（5）确认记录和文档保持着可追溯性。

参考答案 61.(A)

62. 某ERP项目的生产管理子系统进行安装调试时,项目经理发现车间操作员的实际操作方式与最初客户确定的操作方式有较大不同。为了解决这个问题,首先应(　　)。

A. 说服车间操作员按确定的操作方式实施

B. 说服客户代表修改最初确定的需求

C. 由项目经理汇报给高层领导决定

D. 召开协商会议,请客户代表和车间操作员共同参加,分析原因,协商解决

【小虎新视角】

出了问题,我们的工作思路是:首先分析原因,然后再解决问题。

参考答案 62.(D)

63.(　　)不属于管理文档。

A. 变更控制记录　　B. 开发计划

C. 项目总结报告　　D. 需求文件评审记录

【小虎新视角】

小虎一再说,一再强调,计划类文档属于开发文档。

计划类文档也就是开发计划、测试计划、配置计划等。

参考答案 63.(B)

64～65. 软件配置管理受控制的对象应是(　　),实施软件配置管理包括4个最基本活动,其中不包括(　　)。

(64) A. 软件元素　　B. 软件项目

C. 软件配置项　　D. 软件过程

(65) A. 配置项标识　　B. 配置项优化

C. 配置状态报告　　D. 配置审计

【小虎新视角】

题干说的是:"软件配置管理受控制的对象应是",只有选项C,软件配置项,含有关键字"配置",故选C项。

小虎再次强调一下,优化不属于基本活动,所以,配置项优化不是最基本的管理活动,故选B项。

知识点:

软件配置管理主要就是对软件配置项进行控制。

软件配置管理的4个活动:配置项标识、配置项控制(变更控制)、配置状态报告和配置审计。

参考答案 64.(C) 65.(B)

66. 某软件开发项目的需求规格说明书第一次正式发布,命名为《需求规格说明书V1.0》,此后经过两次较小的升级,版本号升至V1.2,此时客户提出一次需求变更,项目组接受了变更,按客户的要求对需求规格说明书进行了较大的改动并通过评审,此时版本号应升级为( )。

A. V1.3　　B. V1.5

C. V2.0　　D. V3.0

【小虎新视角】

如果小改动,版本号从V1.2升级到V1.3。

但是,题干明确说明了"对需求规格说明书进行了较大的改动并通过评审",版本号应从V1.2升级到V2.0。

知识点:

处于"正式发布"状态的配置项的版本号格式为:$X.Y$。

X 为主版本号,Y 为次版本号。

配置项第一次"正式发布"时,版本号为1.0。

如果配置项的版本升级幅度比较小,一般只增大 Y 值,X 的值保持不变。

只有当配置项版本升级幅度比较大时,才允许增大 X 的值。

参考答案 66.(C)

67. 有八种物品A、B、C、D、E、F、G、H要装箱运输,虽然量不大,仅装1箱也装不满,但出于安全考虑,有些物品不能同装一箱。在下表中,符号"×"表示相应的两种物品不能同装一箱。运输这八种物品至少需要装( )箱。

A								
B								
C	×							
D		×	×					
E				×				
F	×	×			×			
G			×	×	×	×		
H	×	×					×	
	A	B	C	D	E	F	G	H

A. 2　　　　B. 3

C. 4　　　　D. 5

【小虎新视角】

按题意：

总共8个物品，分别是A、B、C、D、E、F、G、H。

图中从下往上分析，可以有：

G			×	×	×	×		
H	×	×					×	
	A	B	C	D	E	F	G	H

根据题意可以考虑：G、A、B在一个箱子里，H、C、D、E、F在另一个箱子里。

因为C、D不能在同一个箱子里，E、F不能在同一个箱子里，所以需要将H、C、D、E、F进一步拆分，具体可以拆分为：**C、E在一个箱子里，H、D、F在另一个箱子里**。

所以，运输这八种物品至少需要装3箱。

参考答案 67.（B）

68. 某家具厂有方木材90 m^3，木工板600 m^3，生产书桌和书柜所用材料数量及利润如下表。在生产计划最优化的情况下，最大利润为（　　）元。

产　品	方木/m^3	木工板/m^3	利润/元
书桌	0.1	2	80
书柜	0.2	1	120
限额	90	600	

A. 54000　　　　B. 55000

C. 56000　　　　D. 5800

【小虎新视角】

假设在生产计划最优化的情况下，生产书桌 X 个，生产书柜 Y 个，利润最大，则有：

$0.1\times X+0.2\times Y\leqslant 90$

$2\times X+1\times Y\leqslant 600$

求 $80X+120Y$ 的最大值。

取等号，求出 X 与 Y。

$0.1\times X+0.2\times Y=90$　　　　①

$2\times X+1\times Y=600$ ②

可得 $X=100, Y=400$。

$80X+120Y=80\times100+120\times400=8000+48000=56000$。

参考答案 68.(C)

69. 下图中,从①到⑧的最短路径有(　　)条。

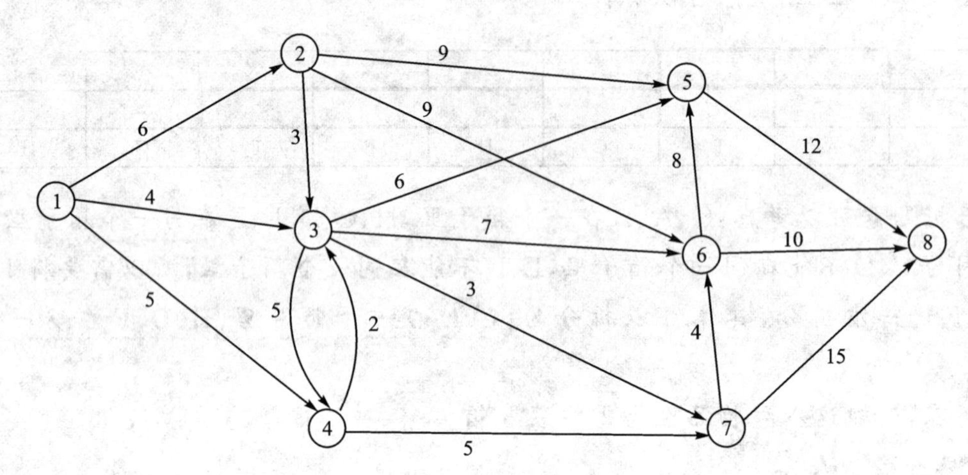

A. 1　　　　B. 2

C. 3　　　　D. 4

【小虎新视角】

根据题意,求出最短路径。

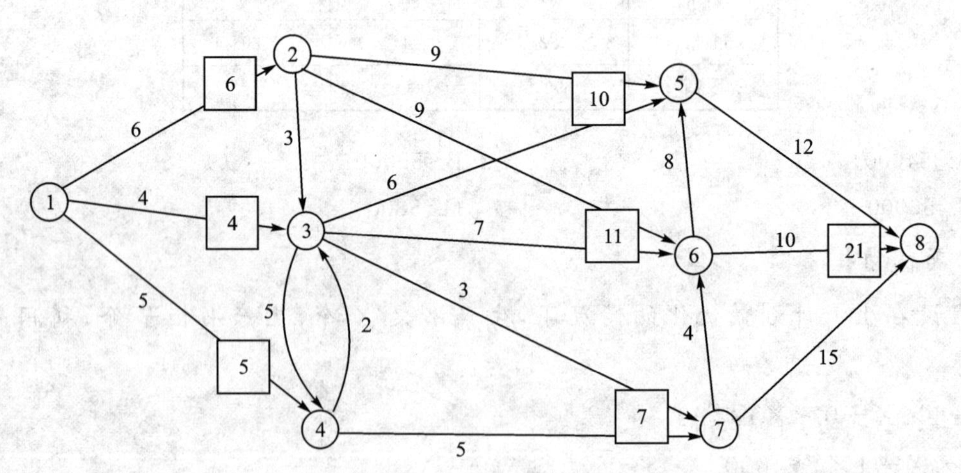

最短路径有两条,具体分别为:①③⑥⑧和①③⑦⑥⑧,最短路径是21。

参考答案 69.(B)

70. 某部门聘请了30位专家评选最佳项目,甲、乙、丙、丁四个项目申报参选。各位专家经过仔细考察后都在心目中确定了各自对这几个项目的排名顺序,如下表:

项目编号	3人	6人	3人	5人	2人	5人	2人	4人
甲	1	1	4	4	4	4	4	4
乙	4	4	1	1	2	3	2	3
丙	2	3	2	3	1	1	3	2
丁	3	2	3	2	3	2	1	1

其中,有3人将甲排在第1,将乙排在第4,将丙排在第2,将丁排在第3;以此类推。如果完全按上表投票选择最佳项目,那么显然,甲项目能得票9张,乙项目能得票8张,丙项目能得票7张,丁项目能得票6张,从而可以选出最佳项目甲。但在投票前,丙项目负责人认为自己的项目评上的希望不大,宣布放弃参选。这样,投票将只对甲、乙、丁三个项目进行,而各位专家仍按自己心目中的排名(只是删除了项目丙)进行投票。投票的结果评出了最佳项目(　　)。

A. 甲　　B. 乙

C. 丁　　D. 乙和丁

【小虎新视角】

甲项目能得票9张,乙项目能得票8张,丙项目能得票7张,丁项目能得票6张。

丙没有放弃参选前,丁得票数最少,只有6张。

题目设计,一般都是最后一名,升格为第一名,这样最有戏剧性,最有看点,就是所谓的结果大逆转、大翻盘。由此可见本题设计得多巧妙!

传统解析

首先,知道表格数字,表示有几位,如下图左边第一个圈所标记,表示有3位专家给甲投票第1位;图中左边第二个圈所标记,表示有6位专家给甲投票第1位。

项目编号	3人	6人	3人	5人	2人	5人	2人	4人
甲	①	①	4	4	4	4	4	4
乙	4	4	1	1	2	3	2	3
丙	2	3	2	3	1	1	3	2
丁	3	2	3	2	3	2	1	1

丙没有宣布放弃参选前每个项目得第一名的投票结果为:甲项目能得票9张,乙项目能得票8张,丙项目能得票7张,丁项目能得票6张。

现在的问题是,丙宣布放弃参选,各位专家仍按自己心目中的排名(只是删除了项目丙)进行投票。

也就是说，当时各位专家给丙项目投票第1名，给其他项目投票第2名，现在按题意，投票第2名的项目，都升格为第1名了。

过去：

2位专家给丙项目投票第1名，给乙项目投票第2名；

5位专家给丙项目投票第1名，给丁项目投票第2名。

现在：

乙项目第一名得票数增加2票，第1名的票数从8张变为10张；

丁项目第一名得票数增加5票，第1名的票数从6张变为11张。

丁项目能得票11张，乙项目能得票10张，甲项目能得票9张。

最佳项目是丁，得票数是11张。

参考答案 70.（C）

2014年下半年信息系统项目管理师考试上午试题讲解

1. 为了防止航空公司在甲地一个售票点与在乙地另一售票点同时出售从城市A到城市B的某一航班的最后一张机票，航空公司订票系统必须是(　　)。

A. 实时信息系统　　B. 批处理信息系统

C. 管理信息系统　　D. 联网信息系统

【小虎新视角】

题目问的是："航空公司订票系统必须是(　　)"。

题干信息是：

(1) 甲地一个售票点与在乙地另一售票点；

(2) 同时出售；

(3) 某一航班的最后一张机票。

必须是：联网信息系统，才能解决

(1) 甲乙两地同时出售；

(2) 最后一张机票。

参考答案　1. (D)

2. 以下关于信息系统生命周期开发阶段的叙述中，(　　)是不正确的。

A. 系统分析阶段的目标是为系统设计阶段提供信息系统的逻辑模型

B. 系统设计阶段是根据系统分析的结果设计出信息系统的实现方案

C. 系统实施阶段是将设计阶段的成果部署在计算机和网络上

D. 系统验收阶段是通过试运行，以确定系统是否可以交付给最终客户

【小虎新视角】

选项C。"系统实施阶段是将设计阶段的成果部署在计算机和网络上"错在"部署"二字，应该是"系统实施阶段是将设计阶段的成果在计算机和网络上具体实现，即将设计方案变成能在计算机上运行的软件系统"。

只有先把软件系统具体实现了，才有部署一说。

没有软件系统，何谈部署？

参考答案　2. (C)

3. 电子商务物流柔性化的含义是(　　)。

A. 物流配送中心根据消费者的需求变化灵活组织和实施物流作业

B. 物流配送中心采用自动分配系统和人工分拣系统相结合

C. 物流信息传递的标准化和实时化相结合

D. 物流配送中心经营管理的决策支持与标准化支持

【小虎新视角】

关键词是"柔性化"。

"灵活"与"柔性"在意思上,正好与选项A里的"灵活组织"有异曲同工之妙。

参考答案 3. (A)

4. 王工曾是甲系统集成公司的项目经理,承担过H公司内控管理系统的研发任务和项目管理工作。在该系统实施中期,因个人原因向公司提出辞职。之后王工到乙系统集成公司任职,如下王工的(　　)行为违背了职业道德。

A. 借鉴H公司的内控管理系统的开发经验为乙公司开发其他系统

B. 在乙公司继续承担系统集成项目经理工作

C. 将甲公司未公开的技术工艺用于乙公司的开发项目

D. 在工作期间,王工与甲系统集成公司的项目经理联系

【小虎新视角】

选项C"将甲公司未公开的技术工艺用于乙公司的开发项目",关键词"未公开"说得轻点是违背职业道德,说得重点是窃取商业机密,是犯罪。

参考答案 4. (C)

5. 软件需求包括功能需求、非功能需求、设计约束三个主要部分,其中(　　)属于功能需求的内容。

A. 软件的可靠性　　B. 软件运行的环境

C. 软件需要完成哪些事情　　D. 软件的开发工具

【小虎新视角】

功能需求,当然指的是:软件需要完成哪些事情。

软件可靠性、软件运行的环境等属于非功能需求。

软件开发工具,不属于软件需求范畴,属于软件开发的范畴。

参考答案 5. (C)

6. 软件需求的基本特征是(　　)。

A. 可验证性　　B. 可度量性

C. 可替代性　　D. 可维护性

【小虎新视角】

软件需求，当然要可验证啦！可以被验证。

可验证性，就是说软件需求规格说明书应该能够指导测试活动，要提供验证所需的信息。

参考答案 6.（A）

7. 软件工程管理继承了过程管理和项目管理的内容，包括启动和范围定义、软件项目计划、软件项目实施、（　　）、关闭、软件工程度量等六个方面。

A. 项目监控　　B. 评审和评价

C. 软件项目部署　　D. 软件项目发布

【小虎新视角】

软件项目部署与软件项目发布是一个层面，要有都有，要没有都没有。故可排除掉选项 C 与 D。

题干中"软件项目计划""软件项目实施"，一直说"软件项目"，选项 A"项目监控"，突然说"项目"，感觉有点突兀，不顺畅。

参考答案 7.（B）

8. 以下关于软件质量保证的描述中，（　　）是不正确的。

A. 软件质量保证应构建以用户满意为中心，能防患于未然的质量保证体系

B. 软件质量保证是一系列活动，这些活动能够提供整个软件产品的适用性证明

C. 在质量保证过程中，产品质量将与可用的标准相比较，也与不一致产生时的行为相比较

D. 软件质量保证是一个审查与评估的活动，用以验证与计划、原则及过程的一致性

【小虎新视角】

软件质量保证是一系列活动，这些活动能够提供整个软件产品的适用性的证明。

在质量保证的过程中，产品质量将和可用的标准相比较，同时也要和不一致产生时的行为相比较。

而一个具体的审查与评估的活动，用以验证与计划、原则及过程的一致性，则是审核功能。

请各位考生注意："一系列活动"才是软件质量的保证，"一个审查与评估的活动"是审核功能。

一个提供整个软件产品的适用性证明，一个用以验证与计划、原则及过程的一致性。

一个宏观和整体，一个微观和具体。请用心体会其中的差异性。

参考答案 8.（D）

9. 根据SJ/T 11235—2001《软件能力成熟度模型》的要求，“过程和产品质量保证”的目的是（　　）。

A. 证明产品或产品构件被置于预定环境中时适合于其预定用途

B. 维护需求并且确保能把对需求的更改反映到项目计划、活动和工作产品中

C. 开发、设计和实现满足需求的解决方案

D. 使工作人员和管理者能客观了解过程和相关的工作产品

【小虎新视角】

质量保证，我们要知道，是通过过程来保证的，也就是过程保证。关键词是“过程”。

只有选项D讲到了“过程”，正确答案为D项。

参考答案 9.（D）

10. 软件设计包括软件的结构设计、数据设计、接口设计和过程设计，其中结构设计是指（　　）。

A. 定义软件系统各主要部件之间的关系

B. 将模型转换成数据结构的定义

C. 软件内部，软件和操作系统间以及软件和人之间如何通信

D. 系统结构部件转换成软件的过程描述

【小虎新视角】

软考上午考试试题中，有一类题的4个选项A、B、C、D正好对应题干里的4个概念，对其进行一一定义或者描述等。

小伙伴们一旦知道了出题老师这种独具匠心的试题设计，往往会拍案叫绝，由衷钦佩。而这也为我们提供了一把快速解题的金钥匙，即通过概念的蛛丝马迹、选项之间的互斥性选出答案。

本题恰恰是这样一道题。

根据题意，软件设计包括4类，分别是结构设计、数据设计、接口设计和过程设计。

选项A，“定义软件系统各主要部件之间的关系”讲的是“结构设计”。

选项B,“将模型转换成数据结构的定义”讲的是“数据设计”。

选项C,“软件内部,软件和操作系统间以及软件和人之间如何通信”讲的是“接口设计”。

选项D,“系统结构部件转换成软件的过程描述”讲的是“过程设计”。

解题过程,可以如下:

选项B,通过选项关键信息“数据结构”,判断讲的是“数据设计”;

选项C,通过选项关键信息“如何通信”,判断讲的是“接口设计”;

选项D,通过选项关键信息“过程描述”,判断讲的是“过程设计”;

由此,可进一步确认答案为A项。

参考答案 10.(A)

11. 在软件测试阶段,如果某个测试人员认为程序出现错误,他应(　　)。

A. 首先要对错误结果进行确认

B. 立刻修改错误以保证程序的正确运行

C. 重新设计测试用例

D. 撰写错误分析报告

【小虎新视角】

选项B,立刻修改错误以保证程序的正确运行,这应该是开发人员的事情吧!

题目问的是“他应该做什么”,这个“他”指的就是认为程序出现错误的测试人员。

故可排除选项B。

选项D,撰写错误分析报告,这应该是开发人员的事情吧!由此排除掉选项D。

选项A与C,两项权衡,题干并没有说,“程序出现错误”,就不是通过测试用例测试出来的问题,或者说测试问题有问题,所以,“重新设计测试用例”就很勉强,站不住脚。

参考答案 11.(A)

12. 根据GB/T 11457—2006《软件工程术语》的定义,连接两个或多个其他部件,能为相互间传递信息的硬件或软件部件叫做(　　)。

A. 接口　　　　B. 链接

C. 模块　　　　D. 中间件

【小虎新视角】

根据"连接两个或多个其他部件"和"相互间传递信息的硬件或者软件部件"可以排除选项C"模块",因为模块不是"连接两个或多个其他部件"。

选项D"中间件"也不对,因为一般说硬件的不多。

选A合适。

参考答案 12.(A)

13.( )不属于GB/T 16680—1996《软件文档管理指南》中规定的管理文档。

A. 开发过程的每个阶段的进度记录　　B. 软件集成和测试计划

C. 软件变更情况记录　　D. 职责定义

【小虎新视角】

软件文档的三种类别:开发文档、产品文档、管理文档。

基本的开发文档是:

——可行性研究和项目任务书;

——需求规格说明;

——功能规格说明;

——设计规格说明,包括程序和数据规格说明;

——开发计划;

——软件集成和测试计划;

——质量保证计划、标准、进度;

——安全和测试信息。

记住一点:计划类的文档,都属于开发文档。

测试计划属于开发文档,当然不属于管理文档啦!

参考答案 13.(B)

14. 根据GB/T 14394—2008《计算机软件可靠性和可维护性管理》,在软件生命周期的测试阶段,为强调软件可靠性和可维护性要求,需要完成的活动是( )。

A. 建立适合的软件可靠性测试环境

B. 分析和确定可靠性和可维护性的具体设计目标

C. 编写测试阶段的说明书,明确测试阶段的具体要求

D. 提出软件可靠性和可维护性分解目标、要求及经费

【小虎新视角】

题干说"在软件生命周期的测试阶段",需要完成的活动是建立适合的软件可

靠性测试环境。应选A项。

选项B,"具体设计目标",应该是开发阶段进行设计的事情了,故可以排除。

选项C,"编写测试阶段的说明书,明确测试阶段的具体要求",没有体现"强调软件可靠性和可维护性要求",故也可排除。

选项D,属于计划阶段。

参考答案 14.(A)

15. 可靠性和可维护性设计方案的评审属于(　　)。

A. 概念评审　　B. 需求评审

C. 设计评审　　D. 测试评审

【小虎新视角】

题干说,"可靠性和可维护性设计方案的评审",当然就是:设计评审。

参考答案 15.(C)

16. 构建信息安全系统需要一个宏观的三维空间,如下图所示,请根据该图指出X轴是指(　　)。

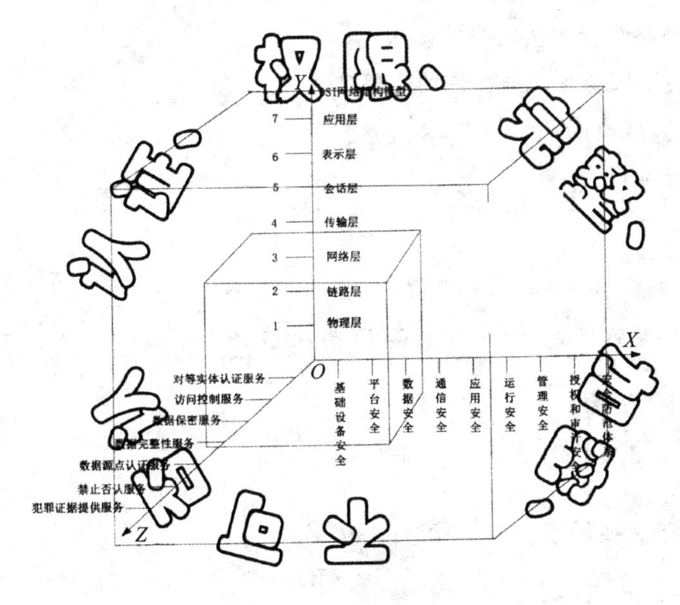

A. 安全防范体系　　B. 管理安全

C. 安全机制　　D. 安全策略

【小虎新视角】

Y轴,讲的是OSI网络参考模型;Z轴,讲的是安全服务。

X轴的细项里,右边第一项就是"安全防范体系",以一项内容来代替X轴的所有内容,以偏概全,就不妥。由此可排除选项A。

X轴的具体细项里,也有“管理安全”,同理也可排除选项B。

X轴里,讲了“安全防范体系”“平台安全”,再说“安全策略”,概括有点太小了,没有起到概括的作用,由此可排除选项D。

所以,X轴指安全机制,更为合适,表示形成了一个较为完善的安全结构体系。

参考答案 16.(C)

17. 某信息系统采用了基于角色的访问机制,其角色的权限是由(　　)决定的。

A. 用户自己　　B. 系统管理员

C. 主体　　D. 业务要求

【小虎新视角】

选项A容易排除。

系统管理员,管理用户,分配角色,但是角色的权限是由业务要求决定的。

参考答案 17.(D)

18. 以下关于入侵检测系统功能的叙述中,(　　)是不正确的。

A. 保护内部网络免受非法用户的侵入

B. 评估系统关键资源和数据文件的完整性

C. 识别已知的攻击行为

D. 统计分析异常行为

【小虎新视角】

选项A有问题。有什么问题呢?

问题就是:合法用户对内部网络滥用特权进行访问操作,也不行啊!因为他违反了安全策略呀!

参考答案 18.(A)

19.(　　)属于无线局域网WLAN标准协议。

A. 802.6　　B. 802.7

C. 802.8　　D. 802.11

【小虎新视角】

无线局域网WLAN,是最近几年媒体热议的科技话题。

说明技术成熟得晚,当然选个最大值802.11,版本越大,说明它是集大成者,技术越成熟稳定嘛!

符合软件版本常理哟！

参考答案 19.（D）

20～21. 当千兆以太网使用 UTP 作为传输介质时，限制单根电缆的长度不超过（ ）米，其原因是千兆以太网（ ）。

（20）A. 100　　B. 500

　　C. 1000　　D. 2000

（21）A. 信号衰减严重　　B. 受编码方式限制

　　C. 与百兆以太网兼容　　D. 采用了 CSMA/CD

【小虎新视角】

千兆以太网，说的是带宽，不是传输距离，这是两个概念。

记住，以太网传输距离有限。当然就选个最短的啦！

传统以太网采用 CSMA/CD 访问控制方式，限制单根电缆的长度不超过 100 米。采用该访问控制方式，优势是最大介质长度以及最小帧长度的确定，能保证一帧。在发送过程中，如果出现冲突，一定能够发现该冲突。

千兆以太网依然用该方式。

参考答案 20.（A）　21.（D）

22. 某单位在进行新园区网络规划设计时，考虑选用的关键设备都是国内外知名公司的产品，在系统结构化布线、设备安装、机房装修等环节严格按照现行国内外相关技术标准或规范来执行。该单位在网络设计时遵循了（ ）原则。

A. 先进性　　B. 可靠与稳定性

C. 可扩充　　D. 实用性

【小虎新视角】

“关键设备都是国内外知名公司的产品”，“严格按照现行国内外相关技术标准或规范来执行”，都是为了可靠和稳定啊！

一般网络规划设计中，就本题的 4 个选项来说，应优先考虑可靠与稳定性哟！

题干的描述就遵循了这一个设计原则。

参考答案 22.（B）

23. 使用 SMTP 协议发送邮件，当发送程序（用户代理）报告发送成功时，表明邮件已经被发送到（ ）。

A. 发送服务器上　　B. 接收服务器上

C. 接收者主机上　　　　　　　　D. 接收服务器和接收者主机上

【小虎新视角】

题干，多次提到"使用SMTP协议发送邮件"，"发送成功"。

"发送"是关键词。当然是"发送服务器"。

B、C、D都讲的是"接收"。接收与发送，正好是两个相反的动作，由此可排除掉选项B、C和D。

参考答案　23.（A）

24. 由IEEE管理，硬件制造者指定，任何两个网卡都不会相同的是（　　）。

A. IP地址　　　　　　　　B. 软件地址

C. 物理地址　　　　　　　D. 逻辑地址

【小虎新视角】

题干中的"硬件""网卡"，说的是具体物体，当然"物理地址"不会相同。

IP地址、逻辑地址以及软件地址更多指的是"非实物"的地址。

参考答案　24.（C）

25. 对象的多态性是指（　　）。

A. 两个或多个属于不同类的对象，对于同一个消息（方法调用）做出不同的响应的方式

B. 两个或多个属于不同类的对象，对于同一个消息（方法调用）做出相同的响应的方式

C. 两个或多个属于同一类的对象，对于同一个消息（方法调用）作用于不同类型的数据，做出不同响应的方式

D. 两个或多个属于同一类的对象，对于不同消息（方法调用）作用于相同类型的数据，做出不同响应的方式

【小虎新视角】

对于同一个消息（方法调用），两个或多个属于不同类的对象，做出不同的响应的方式。

（1）两个或者多个；

（2）不同类的对象；

（3）不同的响应的方式；

这3点，体现多态性的"多"的含义。

参考答案　25.（A）

26. 当采用标准UML构建系统类模型（Class Model）时，若类B除具有类A的全部特性

外,还可定义新的特性以及置换类A的部分特性,那么类B与类A具有(　　)关系。

A. 聚合　　B. 泛化

C. 传递　　D. 迭代

【小虎新视角】

题干包含了3条信息:

(1) 类B具有类A的全部特性;

(2) 还可以定义新的特性;

(3) 置换类A的部分特性。

当然应选B项——泛化关系,就是我们面向对象里说的继承关系。

参考答案　26. (B)

27. 在UML图形上,把一个泛化关系画成(　　)。

A. 一条带有空心箭头的虚线

B. 一条带有空心箭头的实线,它指向父元素

C. 一条可能有方向的虚线

D. 一条实线

【小虎新视角】

泛化关系,就是继承关系,用于描述父类与子类之间的关系。

选项B,"一条带有空心箭头的实线,它指向父元素",明明白白提到"父"字,空心箭头,一端是子类,箭头的实线一端是父类。交代得多清楚!

参考答案　27. (B)

28. 依据《中华人民共和国政府采购法》,在招标采购中,(　　)做法不符合关于废标的规定。

A. 出现影响采购公正的违法、违规行为的应予废标

B. 符合专业条件的供应商或者对招标文件做出实质响应的供应商不足三家的应予废标

C. 投标人的报价均超过了采购预算,采购人不能支付的应予废标

D. 某投标人被废标后,采购人将废标理由仅通知该投标人

【小虎新视角】

选项D,采购人应当将废标理由通知所有投标人。让所有投标人在下次投标时避免类似情况发生。

体现:公开、公正。仅仅将废标理由通知该投标人,算哪门子事?因为有私下操作嫌疑。

参考答案 28.（D）

29. 信息系统设备供应商在与业主单位签订采购合同前，因工期要求，已提前将所采购设备交付给业主单位，并通过验收。补签订合同时，合同的生效日期应当为（　　）。

A. 交付日期　　B. 委托采购日期

C. 验收日期　　D. 合同实际签订日期

【小虎新视角】

委托采购日期，晚于实际交付日期。

验收日期、合同实际签订日期，均晚于交付日期。

题干说，“因工期要求”，才“已提前将所采购设备交付给业主单位，并通过验收”。

合同的生效日期应该是交付日期。否则，谁还愿意提前交付啊！供应商没有动机来提前交付哟！

事实上，合同法也是如此规定的：

《合同法》第一百四十条规定，标的物在订立合同之前已为买受人占有的，合同生效的时间为交付时间。

参考答案 29.（A）

30. 依据《合同法》第九十二条，合同的权利义务终止后，当事人根据交易习惯履行保密义务，该义务的依据是（　　）。

A. 诚实信用原则　　B. 协商原则

C. 资源原则　　D. 第三方协助原则

【小虎新视角】

讲“保密”，说诚实信用原则，更自然，更贴切。

参考答案 30.（A）

31. 项目章程的制定过程主要关注记录建设方的（　　）、项目立项的理由与背景、对客户需求的现有理解和满足这些需求的新产品、服务或成果。

A. 合同规定　　B. 商业需求

C. 功能需求　　D. 产品需求

【小虎新视角】

题干说，“项目章程的制定过程”，还没有到软件需求阶段，所以，讲功能需求、产品需求为时过早。由此可排除选项C、D。

项目章程还在制定，项目三字经才开头，合同没有签定。皮之不存毛将安附焉？记录建设方的合同规定，无从谈起。故排除选项 A。

关注记录建设方的商业需求，恰合时宜，因为先记录需求，再谈项目立项的理由与背景，以及对客户需求的现有理解和满足这些需求的新产品、服务或成果，可谓一气呵成，顺理成章。

参考答案 31.（B）

32. 项目经理向干系人说明项目范围时，应以（　　）为依据。

A. 合同　　B. 项目范围说明书

C. WBS　　D. 产品说明书

【小虎新视角】

题干说得清清楚楚，“说明项目范围时”，当然是以项目范围说明书为依据。

参考答案 32.（B）

33. 某大型项目的变更策略规定：把变更分为重大、紧急、一般和标准变更，并规定了不同级别的审批权限，比如重大变更由 CCB 审批，并规定标准变更属于预授权变更，可不用再走审批流程。此项目变更策略（　　）。

A. 可行

B. 不可行，主要是变更不能分级别，应统一管理

C. 不可行，分四级可以，但审批都应由 CCB 批准

D. 不可行，标准变更规定有问题

【小虎新视角】

分析 4 个选项，进行比较判断。

选项 B，变更当然可以分级啦！这是变更策略。

选项 C，审批都由 CCB 批准，就有问题啦！重大变更交由 CCB 审批，容易理解。

题目已经说了，“规定标准变更属于预授权变更，可不用再走审批流程”，都明确说不用走审批流程了，何来所有审批都应由 CCB 批准？这不自相矛盾吗？不能自圆其说嘛！

选项 D，标准变更，规定没有啥问题，说的清楚，是标准变更，走的是预授权变更的管理模式，可不用再走审批流程，节约时间和资源，提高工作效率，挺好！

参考答案 33.（A）

34.（　　）涉及结算和关闭项目所建立的任何合同、采购或买进协议，也定义了为支持项目的正式收尾所需的相关合同的活动。

A. 行政收尾　　B. 合同收尾

C. 变更收尾　　D. 管理收尾

【小虎新视角】

题干信息，“任何合同”“所需的相关合同的活动”，两次讲到“合同”一词。

那说明，合同是重点，是关键，选“合同收尾”，正好完全符合题意。

参考答案　34.（B）

35. 制订进度计划过程中，常用于评价项目进度风险的技术是（　　）。

A. 关键路径分析　　B. 网络图分析

C. PERT 分析　　D. 关键链分析

【小虎新视角】

PERT 分析，即 Program Evaluation and Review Technique 的缩写，即计划评估和审查技术，网络分析法。

PERT 网络是一种类似流程图的箭线图。它描绘出项目包含的各种活动的先后次序，标明每项活动的时间或相关的成本。

对于 PERT 网络，项目管理者必须考虑要做哪些工作，确定时间之间的依赖关系，辨认出潜在的可能出问题的环节（这讲的就是识别风险）。

借助 PERT 还可以方便地比较不同行动方案在进度和成本方面的效果。

参考答案　35.（C）

36. 已知网络计划中，工作 M 有两项紧后工作，这两项紧后工作的最早开始时间分别为第 15 天和第 17 天，工作 M 的最早开始时间和最迟开始时间分别为第 6 天和第 9 天，如果工作 M 的持续时间为 9 天，则工作 M（　　）。

A. 总时差为 3 天　　B. 自由时差为 1 天

C. 总时差为 2 天　　D. 自由时差为 2 天

【小虎新视角】

总时差的计算公式如下：

总时差＝最晚开始时间－最早开始时间

工作 M 的最早开始时间和最迟开始时间分别为第 6 天和第 9 天，所以，工作 M 的总时差是＝9－6＝3（天）。

参考答案　36.（A）

37.（　　）描述用于加工一个产品所需子部件的列表。

A. 资源矩阵　　　　B. 项目构成科目表

C. 活动清单　　　　D. 物料清单

【小虎新视角】

"所需子部件的列表"，说清单，正常。

题干没有透露资源、活动信息，选项A、C可以排除。

题干讲的不是项目的，而是加工一个产品所需子部件的列表。选项B也不合适。

物料清单，代入题中，"物料"与"加工"相得益彰，自然天成，整句意思完全吻合。

参考答案　37.（D）

38. 在WBS字典中，可不包括的是（　　）。

A. 工作概述　　　　B. 账户编码

C. 管理储备　　　　D. 资源需求

【小虎新视角】

管理储备，是成本管理的概念与内容，WBS是范围管理的内容。选项C合适。

参考答案　38.（C）

39. 政府采购项目的招标过程应按照以下（　　）的程序开展。

① 项目技术可行性分析

② 采购人编制采购计划，报上级单位审批，并确定招标方式

③ 采购人或其委托的招标代理机构编制招标文件，发出招标公告

④ 出售招标文件并对潜在投标人进行预审

⑤ 项目论证，编写投标文件

⑥ 接受投标人的标书

⑦ 制定评标的评审标准

⑧ 开标及评标，依据评标原则确定中标人

⑨ 发送中标通知书，签订合同

A. ①②③④⑤⑥⑦⑧⑨　　　　B. ②④⑤⑥⑦⑧⑨

C. ⑦②③④⑤⑥⑧　　　　D. ⑦②③④⑥⑧⑨

【小虎新视角】

方法一：

题目讲的是招标过程，讲的是采购人、招标方的工作程序。

“⑤项目论证，编写投标文件”是投标方的工作（投标方在获得招标方的信息后，以确定该项目是否可行，是否可以投标），所以有⑤的选项要排除。

项目技术可行性分析，是招标过程之前的工作（对项目的技术可行性进行论证，经过论证，技术可行，方可进入招标程序），所以，有①的选项也要排除掉。

方法二：

选项C没有“⑨发送中标通知书，签订合同”，可以较容易地排除。

题干问题，“按照以下程序开展”，既然讲程序，就是说活动过程是有先后顺序的。

也就是说，发出招标公告的时候，至少评标的评审标准要确定下来，这样投标单位才能依据招标文件（内含评标的评审标准）投标。没有评标的标准，怎么制作标书呢？

也就是说，⑦应该在③之前，故可以排除选项A、B。

更为准确的是，第一步先制定评标的评审标准，然后才是采购人编制采购计划。

参考答案 39.（D）

40. 招标确定招标人后，实施合同内注明的合同价款应为（　　）。

A. 评标委员会算出的评标价　　B. 招标人编制的预算价

C. 中标人的投标价　　D. 所有投标人的价格平均值

【小虎新视角】

“招标确定招标人”，不就是说谁中标了吗？就是认可中标人的服务和投标价的。

实施合同内注明的合同价款，当然是中标人的投标价。

参考答案 40.（C）

41. 在沟通管理中不仅要“用别人喜欢被对待的方式来对待他们”，而且还需要根据自身面临的情况，灵活采取适当的沟通措施。如重复对方的话，让对方确认，以真正了解对方的意图时，一般采用（　　）。

A. 假设性问题　　B. 探寻式问题

C. 开放式问题　　D. 封闭式问题

【小虎新视角】

题干信息：“重复对方的话，让对方确认”，不就是确认“YES”OR“NO”吗？典型封闭式问题！封闭式问题的答案就是预先有答案范围，不是海阔天空、天马行空的。

参考答案 41.（D）

42. 沟通计划的编制过程不包括（ ）。

A. 确定干系人的沟通信息需求
B. 描述信息收集和文件归档结构
C. 确定信息传递的技术或方法
D. 把所需要的信息及时提供给干系人

【小虎新视角】

计划是计划，执行是执行。

题目问的是沟通计划，是计划过程。很明显，选项D“把所需要的信息及时提供给干系人”，是沟通管理的执行过程。

参考答案 42.（D）

43. 下表是某项目执行过程中的输出表格，（ ）说法是不正确的。

工作任务	预 算	挣 值	实际成本	成本偏差	成本偏差率	进度偏差	进度偏差率	成本CPI	进度SPI
1. 管理计划编制	63000	58000	62500	−4500	−7.8%	−5000	−7.9%	0.93	0.92
2. 检查表草案	64000	48000	46800	1200	2.5%	−16000	−25.0%	1.03	0.75
3. 课题设计	23000	20000	23500	−3500	−17.5%	−3000	−13.0%	0.85	0.87
4. 中期评估	68000	68000	72500	−4500	−6.6%	0	0	0.94	1.00
总计	218000	194000	205300	−11300	−5.8%	−24000	−11.0%	0.95	0.89

A. 该表是项目执行过程中的一份绩效报告
B. 该表缺少对子项目进展的预测
C. 根据此表可以分析出该项目的实际成本低于预算成本
D. 根据此表可以分析出该项目的实际进度落后于计划

【小虎新视角】

小虎理论：

CPI、SPI，大于1是好事，小于1是坏事。

针对成本而言，好事就是节约成本，坏事就是成本超支；

针对进度而言，好事就是进度提前，坏事就是进度滞后。

该项目的CPI、SPI分别是0.95、0.89，依据我们的理论，则有如下结论：

CPI是0.95，小于1，说明实际成本超出预算成本；

SPI是0.89，小于1，说明实际进度落后于计划进度。

参考答案 43.(C)

44. 在编制项目沟通计划的过程中,对项目干系人分析的目的不包括(　　)。

A. 与项目匹配的方法和技术分析

B. 辅助制定最佳沟通策略

C. 分析和识别干系人在项目中的影响和收益

D. 确定干系人的信息需求

【小虎新视角】

选项B,体现"沟通"最佳策略;

选项C,体现"干系人"在项目中的影响和收益;

选项D,体现"干系人"的信息需求;

而选项A,既没有体现"沟通",也没有体现"干系人",讲的是"与项目匹配的方法和技术分析",牛头不对马嘴。

参考答案 44.(A)

45. 关于风险识别的叙述中,(　　)是不正确的。

A. 风险识别不包括识别项目风险可能引起的后果和这种后果的严重程度

B. 项目风险识别包括识别项目的可能收益

C. 风险识别过程需要将这些风险的特征形成文档

D. 项目风险识别是一个不断重复的过程

【小虎新视角】

项目风险识别,即包括识别项目的可能收益,也要识别项目风险可能引起的后果和这种后果的严重程度。

所谓,正反两个方面都要考虑到——好的方面,坏的方面,好的是受益,坏的是后果。

所以,选项B正确,选项A不正确。

参考答案 45.(A)

46. 借助专家评审等技术,对项目风险的概率和影响程度进行风险级别划分属于(　　)过程的技术。

A. 风险应对计划编制　　B. 风险分类

C. 定性风险分析　　D. 定量风险分析

【小虎新视角】

题干没有风险应对方案或措施,可以排除选项A。

题干说的风险级别划分，跟风险分类不是一个概念，排除选项B。

题干没有体现定量风险分析量化的概念，譬如测量出风险的概率和结果，题干说的是风险级别划分，还是比较粗宽泛的概念，当然是定性风险分析啦！

【知识点】

风险分类是根据后果、来源、是否可管理、是否可预测等方面进行分类。

风险识别是决定了哪些风险会对项目造成影响，并记录下这些风险的属性。

定量风险分析是测量风险出现的概率和结果，并评估它们对项目目标的影响。

风险应对计划编制是开发一些应对方案和措施以提高项目成功的机会、降低项目失败的威胁。

参考答案 46.(C)

47～48. 某系统集成企业迫于经营的压力，承接了一个极具技术风险的项目，该项目的项目经理为此：调用了公司最有能力的人力资源，组织项目组核心团队成员培训，与该项目技术领域最强的研究团队签订项目技术分包协议，从项目风险管理的角度来看，该项目经理采取了(　　)的应对策略，并采取了(　　)风险应对措施。

(47) A. 应急分享　　B. 正向风险

C. 转移风险　　D. 负面风险

(48) A. 转移、分享、提高　　B. 开拓、接受、提高

C. 减轻、分享、规避　　D. 开拓、分享、强大

【小虎新视角】

风险分为积极的风险和消极的风险，积极的风险可以为企业带来机会或收益；消极的风险往往给企业造成负面的影响或损失。

题干提供了3点信息：

(1) 调用了公司最有能力的人力资源；

(2) 组织项目组核心团队成员培训；

(3) 与该项目技术领域最强的研究团队签订项目技术分包协议。

题干用词"最有能力""核心团队""技术领域最强"，是与"正向风险""开拓、分享、强大"紧密相连、一脉相承的。

参考答案 47.(B)　48.(D)

49. (　　)不属于风险应对计划的内容。

A. 对已识别的风险进行描述和定义

B. 应对策略实施后，期望的残留风险水平

C. 应对策略实施后,项目管理人员的表现

D. 风险应对预算和时间备用安排

【小虎新视角】

题目问的是:“计划”。

选项 C,“应对策略实施后,项目管理人员的表现”,是具体执行阶段的结果。

计划是计划,执行是执行,阶段泾渭分明。

小虎老师,为什么选项 B“应对策略实施后,期望的残留风险水平”,属于风险应对计划的内容呢?

亲爱的考生,选项 B 说的是“期望”,即风险应对计划期望达到的目标哟!

参考答案 49.(C)

50. 解决组织中多个项目之间的资源冲突问题,一般不宜采用的方法是(　　)。

A. 制订资源计划时,每个项目预留尽量多的资源富余量

B. 检查组织内部的资源使用情况,看是否有资源分配不合理的情况

C. 制定资源在项目间分配的原则,重要的项目优先得到资源

D. 将组织中的资源进行统一管理,避免资源浪费和过度使用

【小虎新视角】

题目问的是“一般不宜采用的方法”,那就是说有 3 个方法是宜采用的啰!

解本题可采用排除法。

选项 A 说“制订资源计划时,每个项目预留尽量多的资源富余量”。资源本来就很紧张,重要的项目应优先得到资源,所以应将组织中的资源进行统一管理,避免资源浪费和过度使用。

参考答案 50.(A)

51. 在大型复杂 IT 项目管理中,为了提高项目之间的协作效率,一般建议采用的方法是(　　)。

A. 建立一个信息共享平台,各项目可以按照不同权限浏览或编辑相应信息

B. 为每个项目建立信息平台,整理自己所起草的各类记录

C. 为每一个项目单独建立一套合适的过程规范

D. 在各个项目之间引入竞争机制

【小虎新视角】

选项 D,“在各个项目之间引入竞争机制”,没有体现题干说的“项目之间的协作效率”,因此可直接排除选项 D。

选项B与选项C比较，信息平台比过程规范更好。

而选项A与选项B比较，共享平台比每个项目建立信息平台好。现在都讲共享：资源共享、信息共享。

综合比较，选项A最适合。

参考答案 51.（A）

52. 项目范围规划是确定项目范围并编写项目说明书的过程。针对大型、多项目，一般的做法是（ ）。

A. 子项目制定各自的项目范围说明书，作为与任务委托者之间签定协议的基础

B. 项目范围说明书要由项目组撰写，是项目组和任务委托者之间签定协议的基础

C. 不必将子项目的变更纳入到项目的范围之内

D. 项目范围一旦确定就不允许发生变更

【小虎新视角】

采用排除法解本题。

选项A，不是子项目自己制定项目范围说明书，而是项目组撰写，否则子项目各自自己制定项目范围书，会很容易造成子项目之间范围冲突，以及子项目范围与项目范围不一致。

选项C，要将子项目的变更纳入项目的范围之内，来体现大型、多项目的统一管理。

选项D，题目都明确说了，“大型、多项目”，项目范围即使确定了，也允许发生变更，只需按照变更控制流程处理即可。

参考答案 52.（B）

53. 以下做法中，（ ）对于提高大型复杂项目的协作管理帮助最小。

A. 建立统一的项目过程，以提高协作效率

B. 加强项目团队管理，制定有效的沟通机制

C. 在项目组织内要约定统一的信息采集、发送、报告的机制

D. 大型项目经理采用“间接管理”的方式，将大项目分解成粒度尽量小的项目群

【小虎新视角】

选项D说“将大项目分解成粒度尽量小的项目群”。我们都知道，物极必反，做事要讲究一定的度，所以分解的粒度要适度，因为分解粒度过小反而会增加更多的沟通成本和管理成本。

参考答案 53.（D）

54. 某通信设备采购项目，签订合同后进入了合同履行阶段，以下（　　）做法是不合理的。

A. 合同履行过程中发现处于支付的通信设备的质量及验收要求约定不明确，双方进行商议后以补充协议进行了规定

B. 由于采购方不具备接收通信设备的条件，要求供货方延迟货物的交付，到了实际交付时，由于该通信设备的价格上涨，供货方要求变更合同价格

C. 通信设备在运输至采购方的过程中，遇到了连续的暴雨天气无法按时交付，采购方认为合同中没有对应的免责条款，对供货方进行经济索赔

D. 合同双方在履行过程中产生了纠纷，双方无法协调一致，因此向仲裁机构提出了仲裁申请

【小虎新视角】

我们经常讲的"天灾人祸"这个词就是讲的一种不可抗拒、不能预见的自然灾害，譬如地震、泥石流、山洪暴发等。遇到这种情况是可以部分或者全部免除责任的。

选项C的关键点在于运输至采购方的过程中，遇到"连续的暴雨天气"，这就是一种极端的天气，由此导致无法交付，采购方对供货方进行经济索赔就显得有些不合理。

参考答案　54.（C）

55. 项目整体评估是把项目看成一个整体，权衡各种要素之间关系的评估，整体性体现在对（　　）等方面的集成。

A. 经济、技术运行、环境、风险　　B. 沟通、计划、变更

C. 资源、管理、人员　　D. 文档、说明、软件、硬件

【小虎新视角】

题干关键信息："项目整体评估是把项目看成一个整体"，是一个更宏观、更全局的概念。对4个选项进行比较可知，选项A"经济、技术运行、环境、风险"正确。

参考答案　55.（A）

56.（　　）不属于项目财务绩效评估方法。

A. 投资收益率法　　B. 净现值法

C. 内部收益率法　　D. 挣值分析法

【小虎新视角】

方法一：

题干的关键信息是"财务绩效评估"。

选项A,讲投资收益;选项C,讲内部收益。很容易判断它们都是项目财务绩效评估方法。故可排除选项A、C。

讲解净现值法的时候,经常举例说:"今天的一元钱价值大于明天的一元钱"。

净现值法,也是一种项目财务绩效评估方法。

方法二:

挣值分析法,CV,PV,EV,SPI,CPI都是考试热点。学过项目管理的话,我们就知道它是用于进度和成本控制的方法,跟绩效扯不到一起,所以选D项。

参考答案 56.(D)

57.某软件开发项目拆分成3个模块,项目组对每个模块的开发量(代码行)进行了估计(如下表),该软件项目的总体规模估算为(　　)代码行。

序　号	模块名称	最小值	最可能值	最大值
1	受理模块	1000	1500	2000
2	审批模块	5000	6000	8000
3	查询模块	2000	2500	4000

A. 10333　　　　B. 10667

C. 14000　　　　D. 10000

【小虎新视角】

题干说到"最小值""最可能值"和"最大值"3种情况。

由此可知,该题目的考点就是三点估算法。

三点估算法的计算公式:

估算值=(最小值×1+最可能值×4+最大值×1)/6

受理模块估算值=(1000×1+1500×4+2000×1)/6=1500(代码行)

审批模块估算值 =(5000×1+6000×4+8000×1)/6=6167(代码行)

查询模块估算值=2000×1+2500×4+4000×1)/6=2667(代码行)

该软件项目的总体规模估算=受理模块估算值+审批模块估算值+查询模块估算值=1500+6167+2667=10334(代码行)

参考答案 57.(A)

58. 某项目被分解成10项工作，每项工作的预计花费为10万元，工期为10个月，按照进度计划，前三个月应该完成其中的3项工作，但是到第三个月底的时候，项目实际只完成了2项工作，实际花费为30万元。项目经理采用了挣值分析的方法对该项目的绩效情况进行了分析，以下结论中，(　　)是正确的。

A. 根据预算，前三个月的计划成本为30万元，实际花费也是30万元，说明项目的成本控制得还不错，只是进度上有滞后

B. 如果该项目按此成本效率执行下去，到整个项目完成时，实际花费的成本将超过预算50%

C. 如果该项目不采取任何措施继续执行下去，实际的完工工期将会超期1个月

D. 该项目目前的绩效状况不理想，但只要继续采用挣值分析的方法对项目进行监控，将会有效地防止成本超支

【小虎新视角】

依据题意，有项目总预算BAC＝10×10＝100万元；

前三个月PV＝10×3＝30万元，EV＝10×2＝20万元，AC＝30万元，SPI＝EV/PV＝20/30＝2/3，CPI＝EV/AC＝20/30＝2/3。

SPI、CPI都是2/3，小于1，说明进度滞后，成本超支。

可见，选项A搞错了成本偏差的计算方法——不是看前三个月的计划成本为30万元，而是看前三个月的EV值为20万元，实际花费也是30万元，所以成本超支。A项错在“说明项目的成本控制得还不错”。

选项B：如果该项目按此成本效率执行下去，EAC＝BAC/CPI＝100/(2/3)＝150万元，而总预算是100万元，所以实际花费的成本将超过预算＝(EAC－BAC)/BAC＝(150 － 100)/ 100＝50%。

选项C，如果该项目不采取任何措施继续执行下去，则当前每个月完成的任务是：20万元/3个月＝20/3；那么花完完成项目的成本150万元，估计需要：150/(20/3)＝22.5个月，超期10.5个月。

选项D，不正确，挣值分析只是一种测量绩效的方法，它并不能纠正所发现的偏差，要想有效地防止成本超支，必须采取一些项目管理措施。

参考答案　58.(B)

59. 项目中每个成员都负有成本责任，以下关于成本控制对项目人员要求的叙述中，(　　)是不正确的。

A. 正确理解和使用成本控制信息　　B. 具有成本愿望和成本意识

C. 关心成本控制的结果　　D. 成本控制是个人活动

【小虎新视角】

有个人活动，就有团队活动。

项目讲究的团队合作怎么能单纯、简单地理解为成本控制是个人活动呢？置团队、团队合作于何境地？

参考答案 59.（D）

60. 在 ISO 9000：2008 质量管理体系中，质量管理原则的第一条就是“以顾客为关注焦点”。并解释说“组织依存于顾客。因此，组织应当理解顾客当前和未来的需求，满足顾客的要求并争取超越顾客的期望”。以下对象中，（　　）不属于顾客的范畴。

A. 供应商　　　　B. 采购方

C. 委托人　　　　D. 消费者

【小虎新视角】

小虎理解，收款的不是顾客，是商家，付款的才是顾客。

按照这个理论，供应商不是顾客。

参考答案 60.（A）

61. 以下关于项目质量控制的叙述中，（　　）是不正确的。

A. 项目质量控制是一种预防性、提高性和保障性的质量管理活动

B. 项目质量控制是一种过程性、纠偏性和把关性的质量管理活动

C. 项目调整和变更是项目质量控制的一种阶段性和整体性的结果

D. 项目质量的事前控制主要是对于项目质量影响因素的控制

【小虎新视角】

一种预防性、提高性和保障性的质量管理活动指的是项目质量保证。

项目质量控制是一种过程性、纠偏性和把关性的质量管理活动，

项目质量控制不是预防性的，而是过程性的；不是提高性的，而是纠偏性的；不是保障性的，而是把关性的质量管理活动。

参考答案 61.（A）

62～63. 基线由一组配置项组成，这些配置项构成了一个相对稳定的逻辑实体，是一组经过（　　）正式审查、批准、达成一致的范围或工作产品，其主要属性一般包括（　　）。

（62）A. 用户

B. 配置管理员

C. 配置控制委员会

D. 专家组

(63) A. 配置项、标识符、版本、流程

B. 配置项、名称、流程、日期

C. 名称、标识符、版本、日期

D. 配置计划、版本、状态、流程

【小虎新视角】

第 62 题：解题的关键信息是“基线”“配置项”。

跟配置相关，只能选 B 项或 C 项。

结合“正式审查、批准”可知，应选配置控制委员会。

第 63 题：题干问的是属性。

流程不是属性，故可轻松排除 A 项和 B 项。

配置计划，很明显不是一个属性，由此选项 D 也可排除。

参考答案 62.（C） 63.（C）

64. 某个配置项的版本号是 2.01，按照配置项版本号规则表明（ ）。

A. 目前配置项处于“不可变更”状态

B. 目前配置项处于“正式发布”状态

C. 目前配置项处于“草稿”状态

D. 目前配置项处于“正在修改”状态

【小虎新视角】

配置项版本号的标记规则为 $X.YZ$，

当配置项为草稿状态时，为 $0.YZ$ 格式；

当配置项为发布状态时，为 $X.Y$ 格式；

当配置项为修改状态时，为 $X.YZ$ 格式，其中 Z 为非 0 值。

配置项状态没有“不可变更”一说。

参考答案 64.（D）

65. 下面为需求跟踪过程中的相互影响能力链的局部示意图，图中空缺部分内容①、②分别应为（ ）。

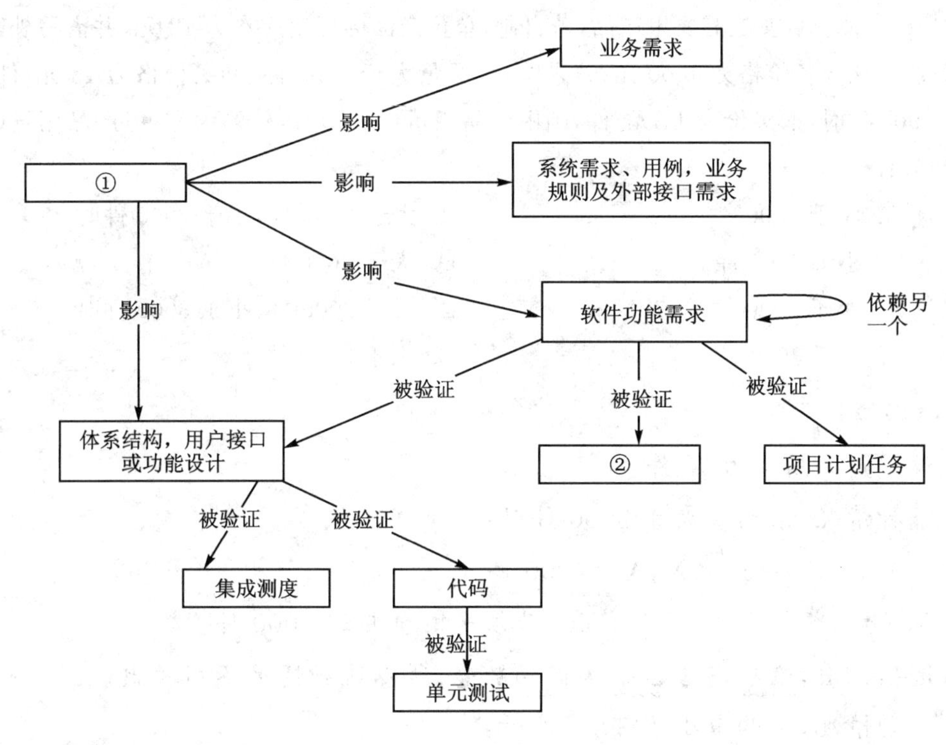

A. 变更请求、系统测试　　　　B. 系统需求、系统测试

C. 变更请求、集成测试　　　　D. 系统需求、集成测试

【小虎新视角】

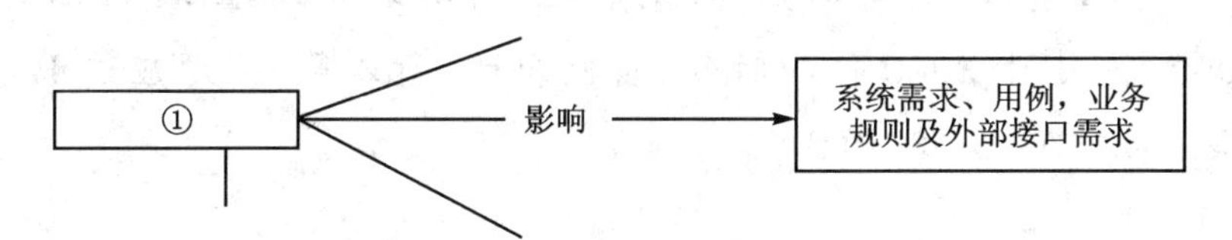

右边已经有了“系统需求”，再说“系统需求”影响系统需求，很难自圆其说。①处为“变更请求”，“变更请求”影响“系统需求、用例、业务规则及外部接口需求”，很好理解。

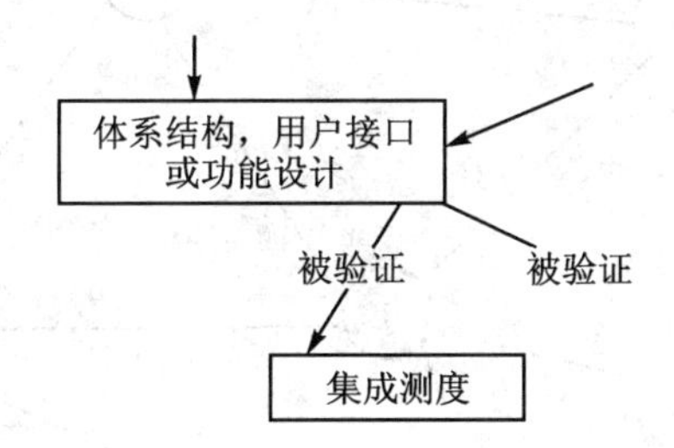

已经有集成测试，若②再填“集成测试”，有重复之嫌，只能选“系统测试”。

软件的功能需求验证依靠系统测试来实现，名正言顺。

参考答案　65.（A）

66～67. 某项目实施需要甲产品，若自制，单位产品的可变成本为12元，并需另外购买一台专用设备，该设备价格为4000元；若采购，购买量大于3000件，购买价格为13元/件，购买量少于3000件时，购买价为14元/件，则甲产品用量（　　）时，外购为宜；甲产品用量（　　）时，自制为宜。

(66) A. 小于2000件　　B. 大于2000件，小于3000件时
　　C. 小于3000件　　D. 大于3000件

(67) A. 小于2000件　　B. 大于2000件，小于3000件时
　　C. 小于3000件　　D. 大于3000件

【小虎新视角】

假设甲产品用量为X件：

第一种情况，采购量大于3000件时：

$12\times X+4000=13\times X, X=4000$ 件

也就是说，想得到13元的价格，必须采购量超过4000件。

从选项上看，没有符合这个等式的数量，所以这种情况不用考虑。

第二种情况，采购量小于3000件时：

$12\times X+4000=14\times X, X=2000$ 件

采购量的临界点等于2000件，正好自制的成本与采购的成本相等。

换而言之，小于2000件的时候，外购合适，所以第66题应选A项；

大于2000件，小于3000件的时候，自制合适，所以第67题应选B项。

参考答案　66.(A)　67.(B)

68. 煤气公司想要在某地区高层住宅楼之间铺设煤气管道并与主管道相连，位置如下图所示，节点代表各住宅楼和主管道的位置，线上数字代表两节点间的距离（单位：百米），则煤气公司铺设的管道总长最短为（　　）米。

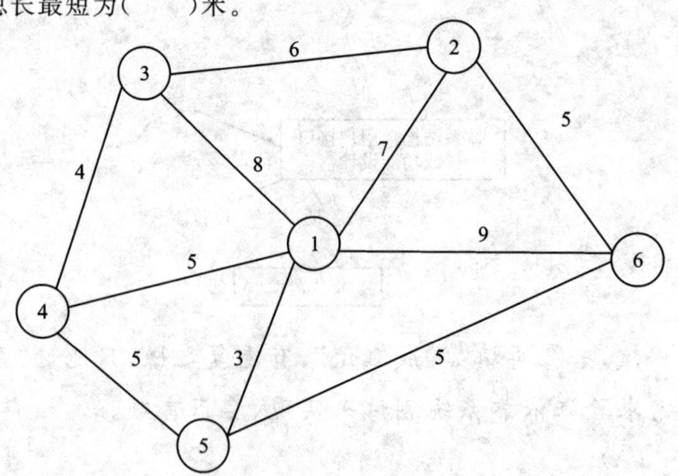

A. 1800　　B. 2200

C. 2000　　D. 2100

【小虎新视角】

本题就是求最小支撑树。

求最小支撑树，可以使用破圈法。

破圈法，具体规则如下：

就是任取一个圈，从圈中去掉一个权最大边（如果有两条或者两条以上的边都是权最大的边，则任意去掉其中一边）。

在余下的图中，重复这个步骤，直至得到一个不含圈的图为止，这时的图，便是最小的树。

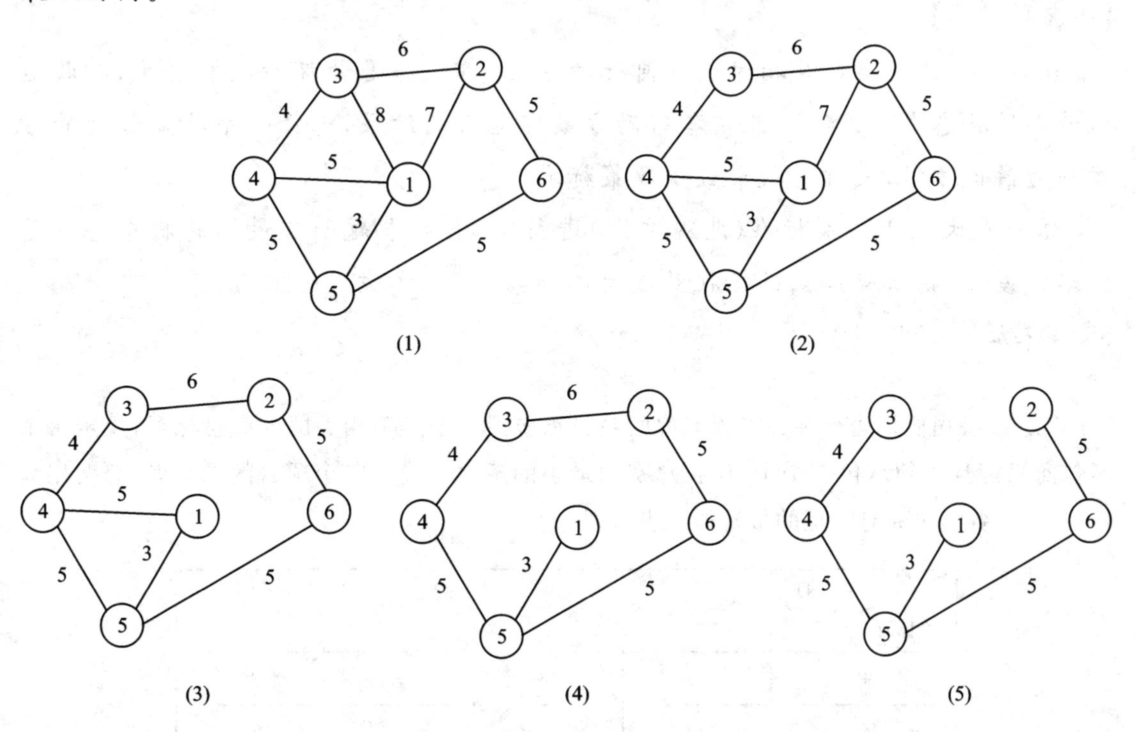

所以，煤气公司铺设的管道总长最短应为：

4＋5＋3＋5＋5＝22（百米）

参考答案　68.（B）

69. 四个备选投资方案的决策损益表如下，如果采用最大最小决策标准（悲观主义），则选择（　　）。

销售状态 收益值/万元 可行方案	销路好	销路一般	销路差	销路极差
A	50	25	−25	−45
B	70	30	−40	−80
C	30	15	−5	−10
D	60	40	−30	−20

A. 方案A　　B. 方案B
C. 方案C　　D. 方案D

【小虎新视角】

maxmin悲观准则是指对于任何行动方案,都认为是最坏的状态发生,即收益值最小的状态发生,然后,比较各行动方案实施后的结果,选择一个收益最大的方案作为最优方案,又称为最大最小决策标准。

依据最大最小决策标准(悲观准则)进行决策,对本题而言最坏的状态也就是销路极差,从销路极差里选择收益最大,当然就是C方案!−10万元。

参考答案　69.(C)

70. 某公司要把4个有关能源工程的项目承包给4个互不相关的外商投标者,规定每个承包商只能且必须承包一个项目,在总费用最小的条件下确定各个项目的承包者,总费用为(　　)。(各承包商对工程的报价如下表所列)

项目 投标商	A	B	C	D
甲	15	18	21	24
乙	29	23	22	18
丙	26	17	16	19
丁	19	21	23	17

A. 70　　B. 69
C. 71　　D. 68

【小虎新视角】

先给项目最小费用做个排名:

费用排名	A	B	C	D
最小费用	15	17	16	17
第二小费用	19	18	21	18
第三小费用	26	21	22	19
第四小费用	29	23	23	24

项目排名具体费用差额如下：

费用差额	A	B	C	D
最小费用	15	17	16	17
与最小费用差额	**4**	1	**5**	1
与第二小费用差额	**7**	3	1	1
与第三小费用差额	**3**	2	1	5

因为项目A之间的差距最大，第二小费用与第一小费用差额是4，第三小费用与第一小费用差额是7，第四小费用与第一小费用差额是3，所以优先确定项目A。项目A费用最小，即15的时候，投标商是甲。

B、C和D这3个项目中，项目C第二小费用与第一小费用差额是5，而项目B与D第二小费用与第一小费用差额都是1，项目C的差距大，所以确定项目C。项目C费用最小，即16的时候，投标商是丙。

可能有小伙伴要跟小虎老师较真了：为什么选择项目D？项目D也有最大差额是5哟！请小伙伴们注意了，假设选择工程项目D，则其最大差额是5的时候，费用是24，费用24的项目**D应由投标商甲承包来做**，但是"**投标商甲已经做了项目A**"，那么，这就与题干中的"**每个承包商只能且必须承包一个项目**"的规定**相矛盾**！因此，此假设不成立，故不能选择工程项目D最大差额是5这种情况。

剩下项目B与D，投标商乙与丁，具体信息如下：

投标商＼项目	B	D
甲		
乙	23	18
丙		
丁	21	17

这个就很容易判断了，可以用穷举法：

只有 2 种情况：

第一种情况，B 选乙，D 选丁，做项目 B 与 D 的费用是 23＋17＝40；

第二种情况，B 选丁，D 选乙，做项目 B 与 D 的费用是 21＋18＝39；

故做项目 B 和 D，选第二种情况时，费用最小。

因此，总费用＝A＋C＋B＋D＝15＋16＋21＋18＝70。

参考答案 70.（A）